全国高等艺术院校美术学科"十三五"规划教材

U0318711

环境艺术手绘表现

Hand-painted representation combining the environmental design

施徐华 著

浙江人民美术出版社

CONTENTS /
目录

前 言
PREFACE /

中国当代环境艺术设计表现图，是伴随着中国建筑市场的繁荣而得到迅猛发展的设计表现形式。广大设计人员运用不同的绘画语汇与绘画工具，奋力探索中国当代环境艺术设计表现图技法。短短几年内，无论是推敲设计方案的构思草图、完整的表现图还是描绘写生作品等方面，都曾出现一些领先人物及有影响的设计群体。

随着环境艺术设计行业的不断完善，设计分工越来越细，来自国内、国际同行业的竞争压力越来越大，原创的设计能力也显得更为重要。在环境艺术设计中，手绘效果图快速表现能帮助设计师从全局的角度展开设计构思，把握设计方案的整体效果，同时也有助于设计师与甲方的沟通。一幅精美而生动的手绘设计表现图是设计师设计能力与表现能力的一种体现。为了更好地掌握手绘表现技法，许多设计师和专业院校的学生都在日常的工作与学习中进行手绘练习。这种方式既有助于对设计资料的积累，又能帮助我们在练习中培养设计灵感。

思维产生设计，设计的魅力在于创造新的事物并用唯美的方式再现，而设计则又由表现来推动和深化。环境艺术表现以艺术形象的外化形式表达设计的意义。在设计程序中，手绘表达是描绘环境空间形象，使设计更为形象直白的语言形式。它在设计程序中对创意方案的推敲和完善起着不可替代的重要作用，是沟通和交流设计思想最便利的方法和手段，同时也将成为创新与表达之间的最佳媒介，一幅满载思想火花的手绘表现图将有力地推动整个设计的进程。

此书从室内这个方面展示国内设计师不同时期写生、设计、创作的优秀作品400多幅，是一本难得的手绘技巧培养手册。在作品展示的同时，引导读者从基本技能开始，将手绘效果表现发挥到极致，以此来推进手绘快速表现在设计领域与艺术教学中的重要作用。愿此书的出版为设计界同仁与广大学生提供一个展示的平台，能够引起圈内人士对手绘的关注，使更多的设计师运用手绘的表达方式创造出更多优秀的设计作品。

施徐华

2018年5月于亘古轩

课程设置
COURSE OFFERED /

设计手绘表现是设计师用来阐述设计思想的一种表现形式，它是设计者表达设计意图的媒介，同时也是传达设计师情感及体现整个设计构思的一种设计语言。对于在建筑设计、室内设计、景观园林设计等各相关专业内从事学习和工作的人们，空间形象的思考能力以及将设计结果用视觉语言表达出来的能力，应是两个必须具备的基本素质——即"设计思考与表达"。

设计思考可大致分为两个阶段：第一阶段是个归纳与推理的过程，其间可能性比较、对功能问题的思考、对整体环境效率的分析可能成为这个阶段的主要工作内容。该阶段的工作形式可能是文字的、图表的，其结果则可能是分析性的或决策性的。第二阶段的工作可能相对具体些。它是将前述决策性成果用空间语言具体化深入或调整的过程。在这一过程中，设计师的空间想象力起关键性的作用，而手上功夫则是确保工作顺利进行的基础。这是一个手脑并用的过程。可以说从得到设计项目后产生的第一个设计思维开始到最终表现图的完成，大脑和手自始至终都在不停地进行互动式的信息交流。设计的过程是思考的过程也是表现的过程，设计思维不断地在表现中完善，表现图也随着思考的深入而逐渐成型。设计初始阶段的构思大多是探索式的、开放式的，设想着设计的多种可能性，呈现在纸上就成为零星的、片段式的草图记录。随着设计思维的深入，原始的概念逐渐清晰起来，设计图纸也由最初抽象的草图形式转变成较为具体的设计稿。当设计思考完全成熟，最终的表现效果图便绘制完成了。这样的整合设计模式，思考和表现总是在同时进行，两者相互依存，不可分割。它可以帮助设计者随时整理设计思维，去伪存真，将具体创造性的设计概念表达出来，而表现图也自始至终地记录了设计思考展开和完善的过程。因此，我们在学习设计思考程序与方法的同时，有必要掌握一套准确有效的设计表现技法，由此达到手脑互动的目的。

一、课程教学目标

环境艺术设计手绘表现技法是指通过图像或图形的手段来表现设计师设计思维和设计理念的视觉传达手段。设计师用手绘表现图的形式来表现自己的设计，展示自己的构思。因此，表现图不只和设计师有关，更重要的是它和甲方（客户）有关，表现图的最终目的无非是为甲方提供方案预想效果，藉以向客户显示其设计构思和设计计划，交流相互的见解，试图找出共同语言，判定适合于现实用途的设计形式。

环境艺术设计手绘表现图能形象、直接、真实地表现出室内外的空间结构，准确表达设计师的创意理念，并且具有极强的艺术感染力。它同其他表现方式相比，具有速度快、易修改、真实性强等特点。所以练就绘制漂亮的手绘表现图的能力是从事环境艺术工作设计人员的"看家本领"。手绘表现技法课程也就成了环境艺术设计专业的重要专业基础课程之一。

二、课程教学模式

国内艺术设计院校对手绘表现技法课程的开设，已经相当普及了，然而其表现技法种类的选择还是相当滞后，有些甚至还沿用20世纪90年代初那些相对传统的表现技法，如渲染表现技法、喷绘表现技法等，教学内容也大同小异。因此，艺术设计院校急需建立由浅入深、由低到高、由刻板到活跃、由陈旧到实用的学科教学体系，以改变目前表现技法教学缺乏科学性、系统性的局面，提高教学质量，使学生能在较短时间内集中掌握比较实用的表现技法。在表现技法教学中，建立一套完善的、科学的设计手绘表现技法教学体系是至关重要的。

三、课程教学的重点与难点

环境艺术设计手绘表现技法课是一门集绘画艺术与工程技术为一体的综合性学科，长期以来是建筑设计师和环境艺术设计师所必备的基本功与艺术修养，它作为表达和叙述设计意图的方式，是设计师与业主沟通的桥梁。

通过该课程的学习，可以培养学生对事物的审美能力、鉴赏能力，加强对空间的理性认识。设计手绘表现作为学生基本功的体现，是建筑、环艺类学生必须要掌握的一门专业基础课程。学好该门课程，除了作为设计交流工具以外，还可在设计深入构思的过程中具有极大的帮助作用。它能使设计师在创造过程中不断完善自身的设计方案，开拓并激发出更多的潜在可能性，同时，可快速追踪不断涌现在头脑中的创造力。

通过该课程的学习，使学生了解室内外表现图中各种表现手法的特点与步骤，提高鉴赏能力和空间想象力，加强画面意识，掌握并熟练运用各种快速简便的表现方法，在今后的学习和工作中，能准确而快速地表达设计构思。

单元	教学形式	课时	教学基本内容	作业要求
第一单元	课堂教学辅导	14	**设计手绘表现的概述与训练基础：** 1. 设计手绘表现概念。 2. 设计手绘表现目的与作用。 3. 设计手绘表现的意义。 4. 设计手绘表现的形式与类型。 5. 设计手绘表现训练的基础。	A3 图纸 10 张
第二单元	课堂教学辅导	14	**设计速写技法实训：** 1. 用线条表现各种材料的质感。 2. 用线条表现各种室内陈设的形体与质感。 3. 用线条表现各种室外景观小品的形体与质感。 4. 用线条表现各种室内外空间。	A3 图纸 15 张
第三单元	课堂教学辅导	14	**马克笔的技法实训：** 1. 马克笔工具介绍及其特性。 2. 马克笔技法训练过程。 ① 色彩的混合叠加； ② 线条与笔触； ③ 形体与质感的表现； ④ 临摹的写实手法； ⑤ 结合设计用马克笔对室内外环境的表现。	A3 图纸 9 张

单元	教学形式	课时	教学基本内容	作业要求
第四单元	课堂教学辅导	14	**室内空间设计与手绘表现实训：** 1. 居室空间设计与手绘表现； 2. 办公空间设计与手绘表现； 3. 餐饮空间设计与手绘表现； 4. 展示空间设计与手绘表现。	A3 图纸 8 张
第五单元	课堂教学辅导、教学总结、评估	14	**室外空间设计与手绘表现实训：** 1. 住宅小区景观设计手绘表现； 2. 公园景观设计手绘表现； 3. 广场景观设计手绘表现； 4. 市政道路景观设计手绘表现现。	A3 图纸 8 张
合计		70	A3 图纸 50 张	

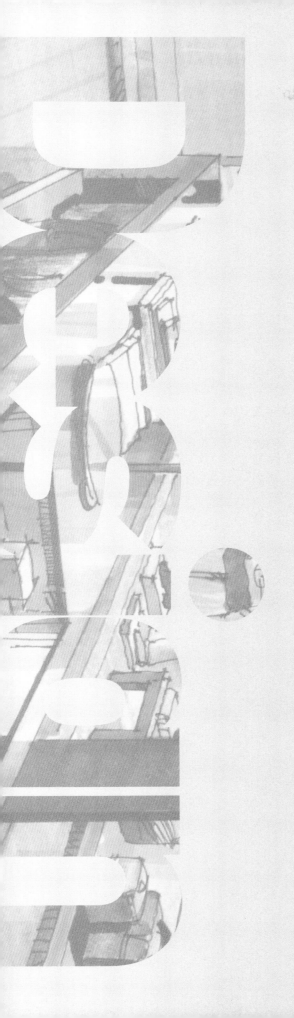

Overview of
the design for
hand-painted
representation
设计手绘表现
概述

一

1

第一章 设计手绘表现概述

第一节 设计手绘表现概念

设计手绘表现是指设计师通过徒手表现设计构思和传递设计概念技能，是设计师内心感知依靠技能表达赋予的设计形式和审美意识。早在原始社会石器时代，人类就利用手绘图示语言进行交流，将生活中频繁接触的事物通过手绘形式在岩石上表达出来，用于认识事物和交流，启发了人类形象思维，提高了人类的创意意识，开始步入文明时代。

当今社会，人类所处的是一个高度现代化、信息化的社会。新材料、新技术的不断涌现，带来了新的思想和观念，直接影响着人们的生活方式和审美观念。设计手绘表现作为一种富有表现力的设计表达方式，在现代环境艺术设计界一直被广泛运用，长期以来它也是环境艺术设计从业人员必备的基本功与设计成果展示的重要手段，也是环境艺术设计专业学生的必修专业基础课，都需长期接受设计表现方面的严格训练，以适应市场对专业人员的素质要求，提高设计艺术修养。

专卖店入口

第二节　设计手绘表现目的与作用

　　设计手绘的主要目的和作用是培养设计师的"审美感觉能力"和"设计表达能力"，能使从事环境艺术设计的工作者准确、清晰地表达自己的创作意图和设计效果。它既在专业设计人员与业主之间建立起一座沟通与交流的桥梁，又成为设计工作的重要组成部分，也是从意到图的设计构思与设计实践的升华。

一、培养设计表达能力

1.表达设计构思

环境艺术设计的构思若只是存在于设计师的思维系统之中，那人们将无法明确地感受到他所要传达的设计意图，也无法与设计师进行有效的交流或是对设计作品的优劣作出评判。设计手绘表现图就是设计师表达创意和思路的一种图形化语言、直观性载体，它将原本抽象的设计概念用具体的、可观的形式表达在纸面上，从而让每位观者在视觉的层面上对作者的设计意图、表现手段、设计风格、空间氛围等进行解读，让观者较为清晰地理解设计师之所想及所要表达的空间效果。借助设计手绘表现图，设计师建立起与观者分享的平台，使他们参与到创作成果的解读和评议之中。

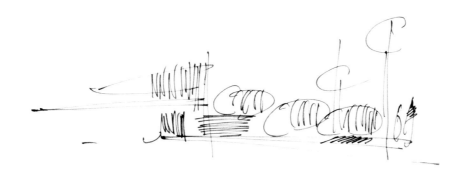

2.推敲设计方案

设计是一个反复修改和不断调整的
动态过程，而方案的每一次深化和完善
都需要以阶段性的表现图作为依据。因
此这一类设计手绘表现图带有工作草图
的性质，是设计师阶段性的思考成果展
示，有助于其对存在的问题作出判断或
评价，为下一步的方案改进提供准确的
参考依据。

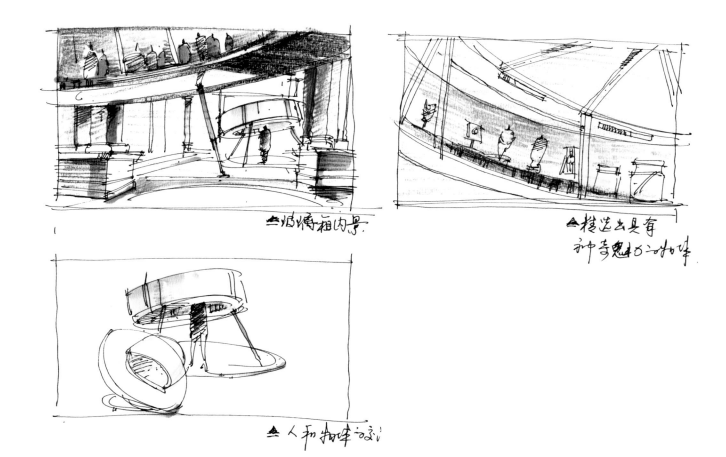

△鸽情箱内景．

△楼选出具有
种寺魅和じ的功峰

△人和物峰功空间

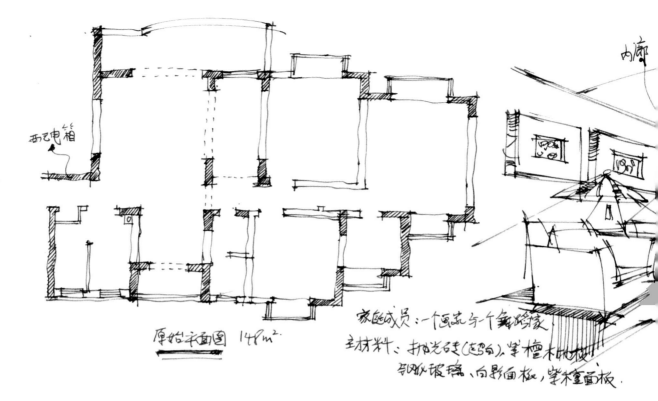

配电箱

原始平面图 148m²

家庭成员：一个画家和一个舞蹈家
主材料：抛光石英（玻璃）、黑檀木饰板、
钢化玻璃、白影面板、黑檀面板。

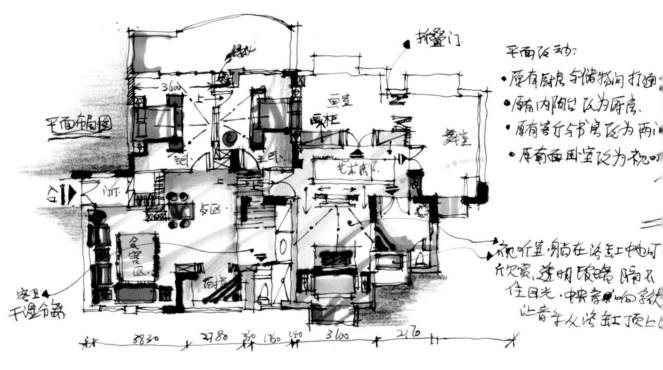

平面布局图

平面改动：
• 原有厨房与储物间打通
• 原有内阳台改为厨房
• 原有客厅与书房改为两间
• 原有南面卧室改为视听

视听室：躺在浴缸中也可
欣赏，透明玻璃隔开
住目光，中央音响系统
让音乐从浴缸顶上⋯⋯

内廊

折叠门

画室
画柜
舞堂
艺术画廊

3600
上
主卧
会客区
厨房
厕所
会客区
卧室干湿分离

8830 2780 180 240 3600 2170

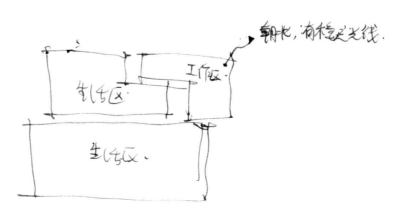

朝北，有稳定光线。

生活区
工作区
生活区

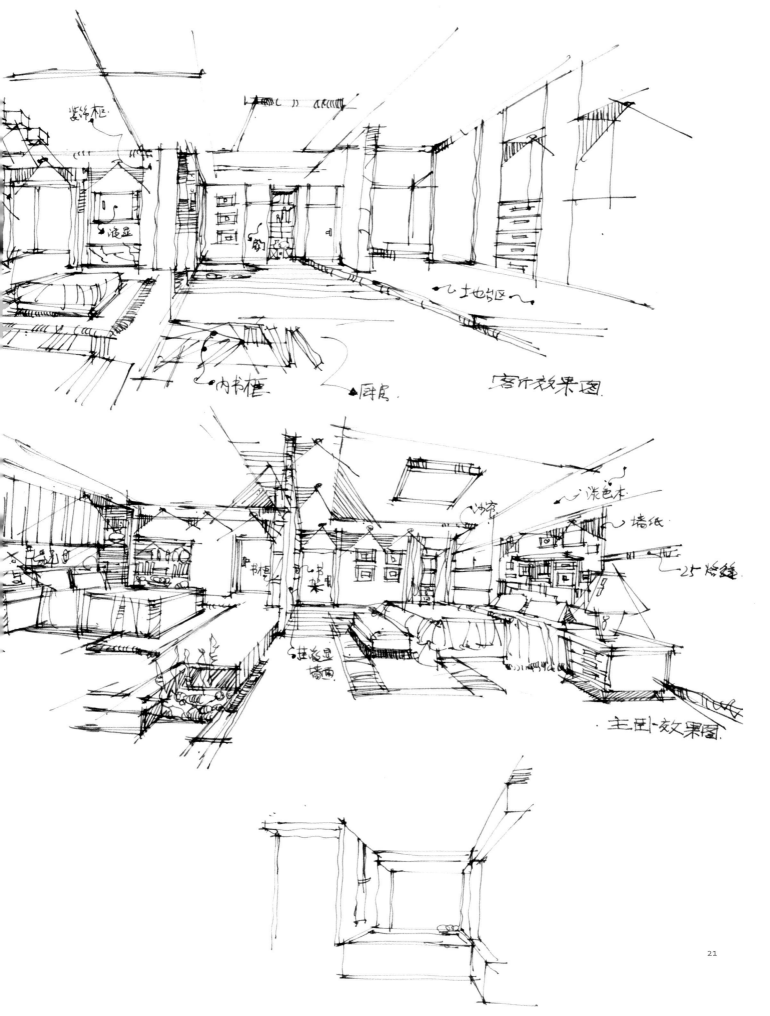

装饰柜

液晶

内书橱

厨房

地毯

客厅效果图.

洗色木

墙纸

25防缝

沙发

书橱

液晶墙面

主卧效果图.

3.表现真实效果

设计手绘表现图最主要的用途是对设计成果进行展示。在电脑表现尚未普及之前，设计师主要依靠高度写实的手绘表现技法，通过对空间场景、个体元素、材料色彩和光影布局的准确描绘，将室内外工程竣工后的效果提前展现在观者面前。这样，在方案实施之前，人们就可以直观地判断设计效果的优劣，以此来决定方案是否实施。这种效果最大化地接近于实际，从而让人们感受到真实的环境气氛，因此也成为设计评价的重要依据，对观者具有较高的参考价值。

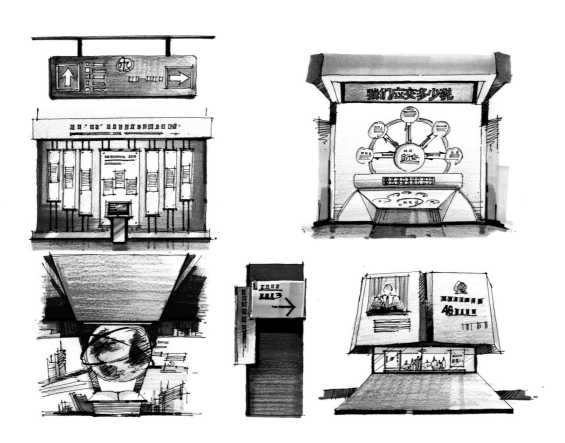

中国财税博物馆展厅方案
杨泽华

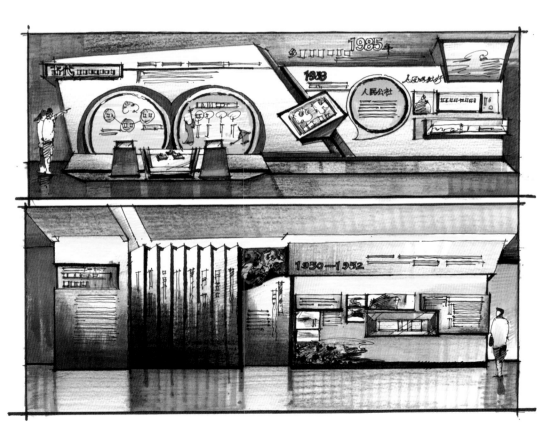

二、锻炼现场记录的能力

对环境艺术设计师来说，不断地积累和更新设计素材是其在从业过程中需长期坚持的工作方式。缺少丰富的设计资料和不注重获取最新资料的设计师，就如同难为无米之炊的巧妇，即使天资再高也会有思路枯竭的时候。设计师在外出考察和查阅大量设计资料的时候，手绘会成为一种很好的记录方式。它类似于设计师工作笔记，更准确地说是一种图形笔记，有时只是简单的几页纸，有时只是寥寥的几组线，却能方便设计师随时查看、随时选用。它像一本字典，需要时可以在里面寻找到合适的答案。随着设计师积累渐丰，这本字典也逐渐变得饱满。而那些被设计师亲手描绘过的素材，也更容易印入他们的脑海之中，成为记忆最为深刻的材料。

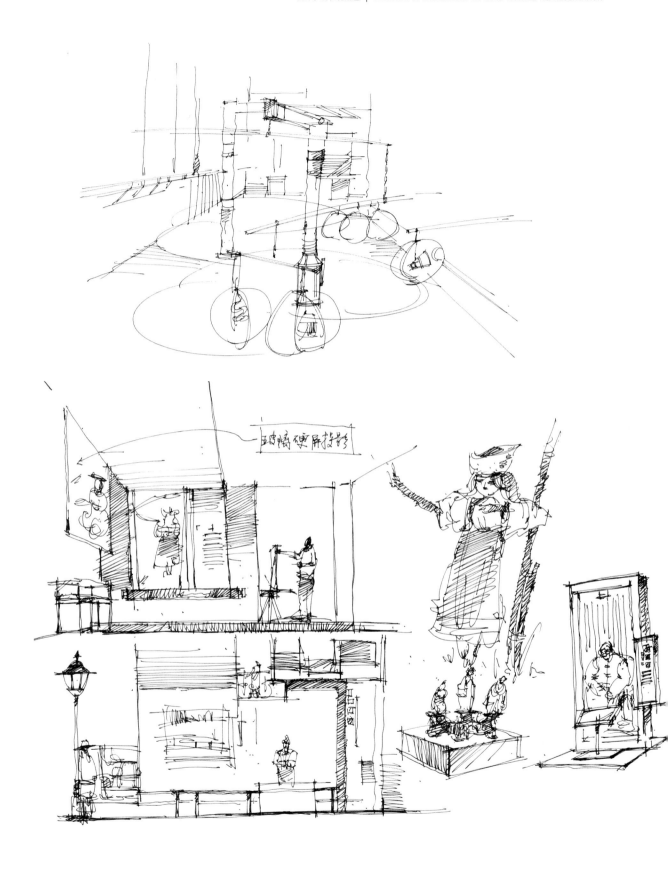

三、提高艺术素养及综合能力

环境艺术设计手绘表现不仅仅是满足效果图客观地再现设计构想、准确地传达设计意图的要求，作为一种专项的绘画形式，它也需融入艺术化的处理，借助艺术表现的手法增加画面的美观性与视觉感染力，提升设计的艺术魅力。从这一层面看，手绘表现技能训练可看作是设计师锻炼和提高艺术素养的过程。每一位在设计上有所追求的设计师都会努力寻求艺术层面的不断突破，手绘的表达和训练便成为他们实现这一目标的有效途径。艺术素养的提高潜移默化中带动了设计师多方面能力的提升，如设计判断力、控制力、全局观、应变能力等，进而促使其综合能力的全面强化，能游刃有余地应对设计中出现的各种问题。

第三节　设计手绘表现的意义

电脑自问世以来，其技术的应用已涉及到人类所能接触到的各行各业，它不仅改变了人们的生活习惯，也使各行各业在技术应用等方面发生了重大变化。在设计界，电脑辅助设计的应用，大大改变了以往的设计模式和操作过程。过去需要用双手完成的大量设计工作逐渐由电脑来完成。通过电脑操作可以轻松地处理复杂的图形设计，在设计过程中还可以不断地修改和补充，这大大提高了设计效率，缩短了工作时间，减轻了工作强度。由于电脑的优越性，设计单位与在校学生对电脑设计曾一度表现出极大热情，纷纷选用电脑设计进行设计构思。传统的手绘设计大有被电脑设计所替代的趋势，更有甚者认为掌握了电脑设计软件的操作就等同于掌握了艺术设计。这实际上误导了人们对设计本质的认识，更无视作为设计师应该掌握的一项基本技能 —— 手绘设计表现，使自己的学习陷入了一种误区。那么，电脑设计是否真正能替代手绘设计？手绘表现技法是否真的已经过时？事实并不是如此，有灵气的手绘设计表现图与呆板的电脑设计表现图两者有很大的区别，机械的电脑绝对替代不了灵活的人脑。手绘设计表现是视觉设计造型最基本的表现手段，更能表达出设计师视觉思考的实质，融合精神与知觉，唤起想象。所以，手绘设计表现又重新

被越来越多的设计师所重视与运用，手绘设计表现能力在现代社会仍然有着重要的地位和意义。

设计手绘表现是设计师的设计理念与艺术修养的体现，它用快速、准确、简约的方法将设计师大脑中瞬间产生的某种意念、某种思想、某种形态迅速地在图纸上记录并表达出来，并以可视的形象与客户进行视觉交流与沟通，为该工程项目合约的签订打下良好的基础。在这个过程中，设计师通过眼（观察）、脑(思考)、手（表现）的高度结合，以直观的图解思维方式来表达设计创意的理念，有着直接的使用价值。

手绘表现作为一种专业技能，是一个未来专业设计师必须掌握的，这一技法有利于提高日后对电脑数码绘图的处理能力。空间感、色彩关系、明暗关系、造型能力都是手绘效果图与数码绘图所具有的共性，手绘能力的训练有助于加强设计师对空间的想象力与空间效果的感受力，进而提高造型能力与审美素质。

第四节　设计手绘表现的形式与类型

设计手绘表现的形式有很多种，不同表现工具的表现形式，都有其不同的特性和表现效果，根据所使用的绘画工具和材料种类的不同大致可分为以下几种：钢笔线描表现、水彩表现、彩色铅笔表现、马克笔表现、电脑辅助表现等。这些不同类型的表现图各具特色，呈现出丰富多样的视觉效果。

一、钢笔线描表现

钢笔线描是一种取材方便、细节表现力强的最普通的手绘表现形式，具有表现轻松自由、线条流畅优美、细致工整的特点。如果想达到较完美的效果需要具备深厚扎实的速写功底，下笔不易修改，概括力强；而只要经过长期科学的训练，做到笔不离手的绘画训练和长期积累，也能达到娴熟、自如、流畅的效果。

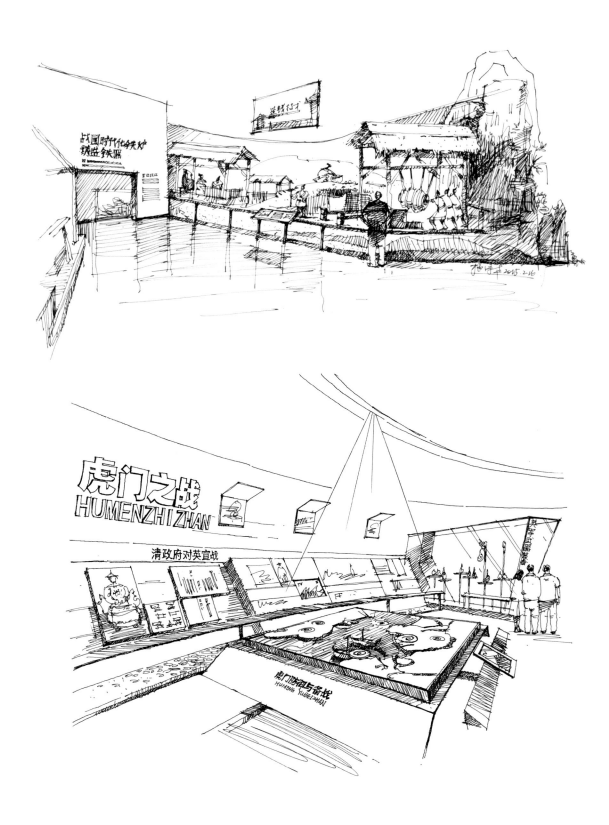

二、水彩表现

水彩是一种以水为媒介，调和专门的水彩颜料进行艺术创作的绘画。水彩具有明快、湿润、水色交融的独特艺术魅力，有着别的画种所无法比拟的奇妙效果。它可以在较短的时间内通过简便、实用的绘图方法和绘图工具达到最佳的预想效果，因此在现代建筑、景观、室内等艺术设计类的表现中是最为广泛的表现形式。水彩具有透明、艳丽的特点，更具艺术欣赏性；但是纯粹的水彩表现技能比较难掌握，如果与钢笔、马克笔、水溶性铅笔等工具混合使用，就比较容易出效果，同时表现效果更为丰富而新颖。由于水彩的水分较难掌握，所以在练习前可以先多进行些水彩写生，掌握水彩相关的水性运用和色彩知识，再进行与其他表现工具的综合训练。

三、彩色铅笔表现

彩色铅笔具有使用简单方便、色彩稳定、容易控制等优点。常常用来画设计草图、平面及立面的彩色示意图和一些初步的设计方案图。彩色铅笔的不足之处是色彩不够紧密，不易画得比较浓重并且不易大面积涂色。当然，运用得当，设计表现图会有别样的韵味。

我们在使用过程当中，尽量使用进口的水溶性彩色铅笔，其色彩层次细腻，易于表现丰富的空间轮廓，且可以结合水的渲染，画出一些特殊的效果。纸张的选择不易选择太光滑的，一般铅画纸、水彩纸等不光滑并且有一些表面纹理的纸张作画比较好。不同的纸张亦可创造出不同的艺术效果，在实际的操作中积累经验，这样就可以做到随心所欲、得心应手了。

彩色铅笔在作画时，使用方法同普通素描铅笔一样，易于掌握。它的色块一般用密排的彩色铅笔线画出，利用色块的重叠，产生出更多的色彩。也可以用笔的侧锋在纸面平涂，涂出的色块系有规律排列的色点组成，不仅速度快，且有一种特殊的类似印刷的效果。

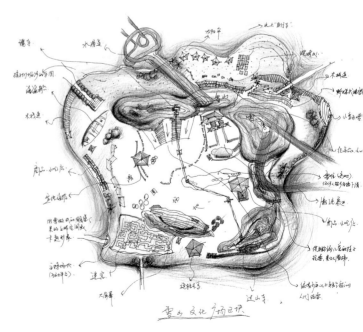

四、马克笔表现

马克笔以其独特的表现魅力，成为快速手绘设计表现中最常见的一种工具。它具有色彩丰富、透明度高、着色方便、易干、易携带等优点，纸张的选用比较随意。马克笔专用纸、复印纸、白卡纸、硫酸纸等都可以用来作画，不同纸张着色后会生成不同的明暗及光影效果。

马克笔分油性和水性两种，具有颜色品种丰富齐全、着色简便、笔触叠加后色彩变化丰富的特点，使其在设计领域运用非常广泛，广受设计师们的欢迎。

五、电脑辅助表现

现代商业设计要求设计师必须掌握面对客户快速表达创意的能力。对于设计表现图的要求不仅需要充分表现预想的真实性，同时还要求其具有更加强烈的视觉冲击力、感染力和时代感，以获得客户的认可。电脑辅助表现就在于先确定设计方案后，快速用手绘线稿将空间表现出来，再将空间表现线稿进行扫描输入电脑，然后利用电脑上色软件Photoshop、Painter和Coreldraw进行二次加工，使之既能保持手绘线条的魅力，又能更为准确地反映设计意图，以达到传统手绘和现代科技相互结合的特殊效果，是一种快速、新颖、具有很强表现力和现代感的效果图表现技法。

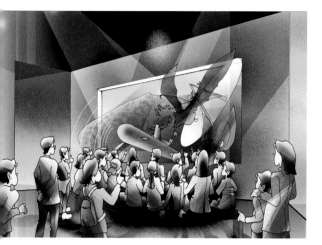

"古都长安景"展示示意

"文化交融"馆

"古都长安景"展示示意

思考与练习题

1.设计手绘表现的概念与作用是什么?

2.设计手绘表现和绘画艺术表现的主要区别是什么?

3.空间设计手绘表现有几种形式?

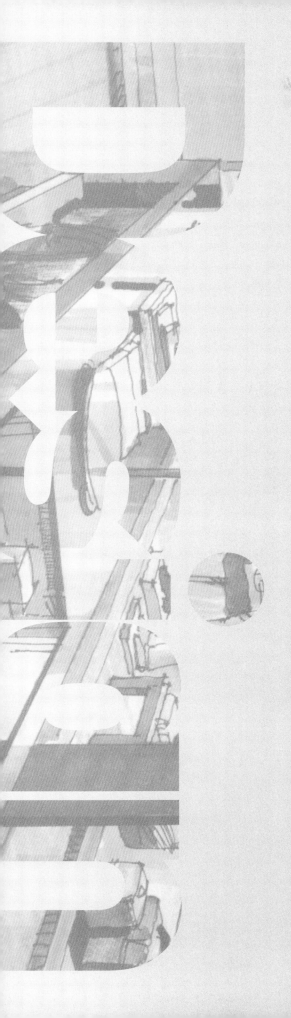

*Basic training
of the design for
hand-painted
representation*

设计手绘表现
训练基础

2

第二章 设计手绘表现训练基础

　　绘制手绘设计表现图不只是单一化的专业技能训练，它建立在许多相关绘画基础和专业技能的训练基础之上。手绘设计表现图所包含的相关专业技能的基础有素描、色彩、透视和工程制图及速写等。在进行手绘设计表现训练之前，这些相关基础的建立和技能的培养是必不可少的。它们对以后手绘表现的学习有着重要的影响。

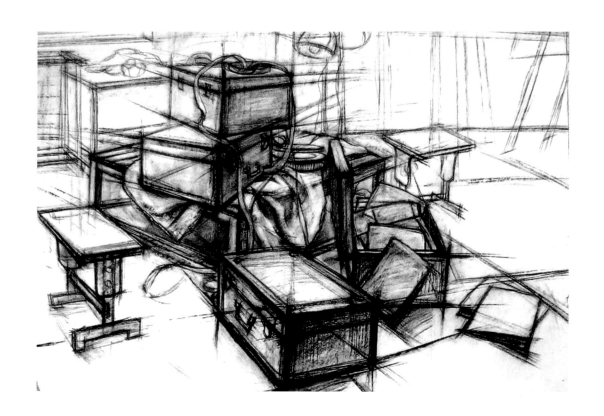

第一节　素描

　　手绘表现图的线稿绘制阶段需要运用到素描的基础知识。素描是造型艺术的基础，学习素描可以了解和掌握造型艺术的特点及基本规律，培养正确的思维方式和观察方法。素描是构成一张成功设计表现图形象、空间、明暗和体量感的基础。一幅有表现力、能够充分表达画面效果的表现图，在很大程度上依赖于形体与空间的塑造。

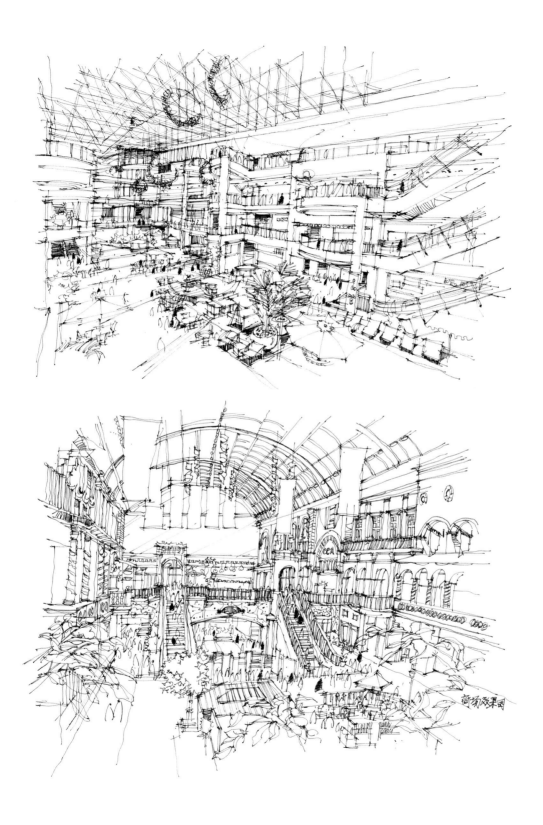

第二节　色彩

手绘设计表现图在着色阶段需运用到色彩的基本原理和表现技法。学习色彩可以培养对事物的审美能力、鉴赏能力。而对环境艺术设计专业而言，色彩的学习则更侧重于对设计色彩运用的学习。设计师在设计创作中，需要表现环境的哪一种色调，以及在设计中所体现的材料色泽、质感等，都需要通过色彩的表现来完成。色彩本身是很感性的，所以运用时需要我们用理性的态度加以把握。色彩会影响人的情绪和感觉，运用良好的色彩感觉以及娴熟驾驭色彩的能力，所绘制出来的设计表现图，不仅能准确地表达室内外的色调及环境，而且能给人创造出愉悦的心理感受。这不仅需要设计人员不断地学习理论知识，更重要的是通过自身不断实践去掌握和总结专业技巧。因此，掌握色彩的理论知识和加强专业色彩的训练是手绘表现课程中的一个重要的教学内容。

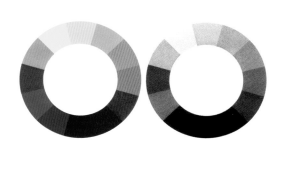

第三节　透视和制图

　　透视和工程制图也是绘制手绘设计表现图必备的专业基础。透视就是将三维空间效果在二维平面中表现出来。"近大远小"是手绘表现中空间透视的基本规律。因此，掌握基本的透视制图法则是画好表现图的基础。室内外设计表现图常用到的是一点透视（平行透视）、两点透视（成角透视）和三点透视（斜角透视）。一点透视能较全面地体现空间整体效果，多用于表现较大的空间场景。两点透视是一种有着较强表现力的透视形式，其特点是画面中有左右两个消失点，表现效果丰富、生动，反映的空间效果比较接近人的直观感受，多用于表现局部空间。三点透视具有强烈的透视感，其特点是在画面中有三个消失点，适合建筑与室外环境的渲染与表现，空间感强，尤其对大场景的表现是其他几类透视方法所不能比拟的。

　　工程制图主要用于解决空间中各界面的尺寸问题，它所反映的是物体的真实尺寸，和透视原理相对应，它是设计师在平面上研究尺度的重要参考依据，也是透视在真实环境中的绝对尺度参考。工程制图的训练也有助于设计师空间尺度感的培养，为画好设计表现图打下基础。

　　透视和工程制图的训练和能力的培养对设计师而言是必不可少的，它们也是影响设计表现图表达严谨性的重要因素。

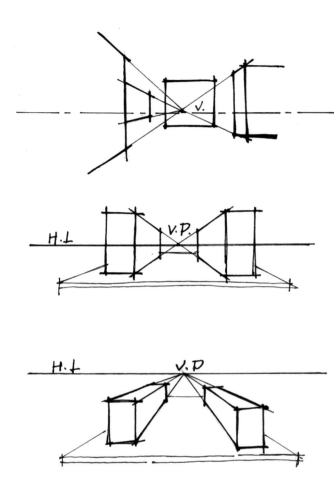

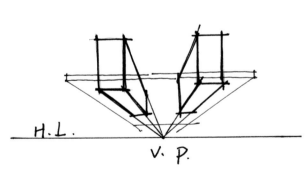

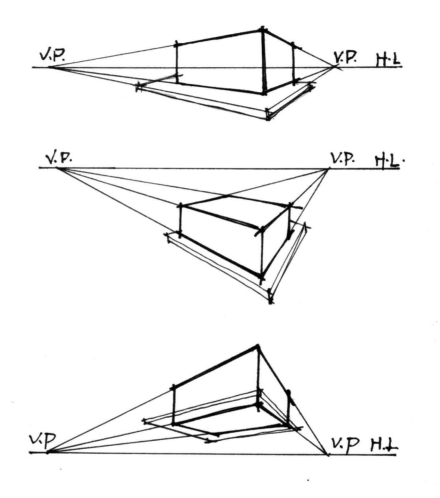

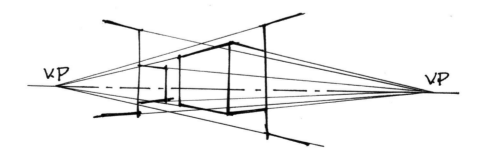

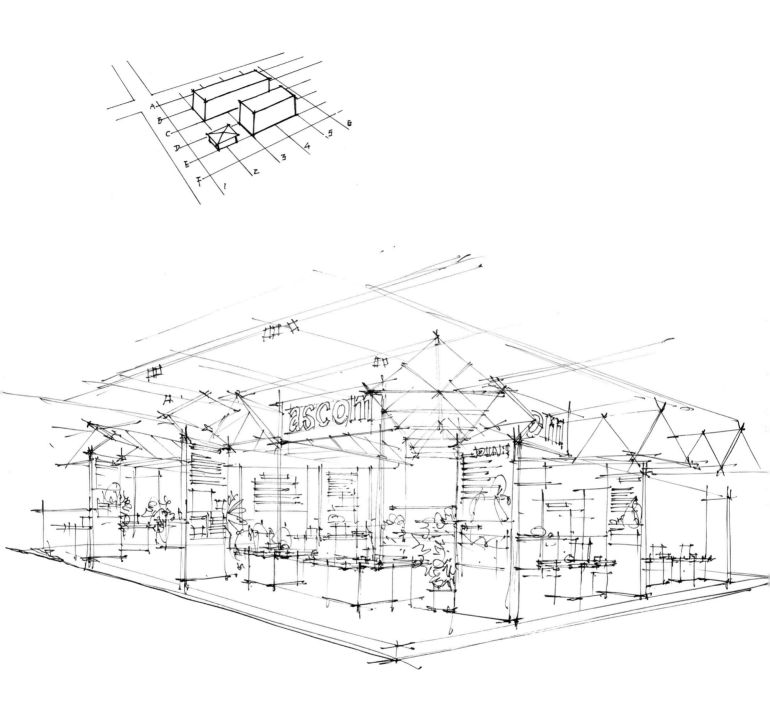

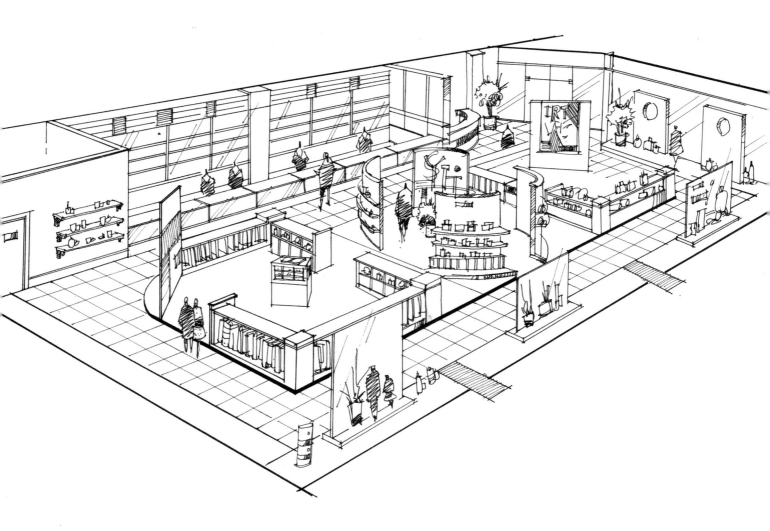

第四节　速写

一、写生速写

室外写生是学习设计手绘的必要过程之一，能够培养学生的观察能力和造型能力。观察能力的培养能提升对自然的美感的认识，对自然的感受是技法思维、发现创意灵感的源泉，是对第一手创意素材的直接掌握。造型能力的培养更是设计手绘表现能力不可缺少的训练途径，而室外写生对造型能力的提高有着不可估量的作用，因为自然界中各种物体之间的对称、均衡、节奏、比例等无不展现出自然美和形式美的法则。"外师自然，中得心源"就是古人拜自然为师，从自然中发现美的形式、美的结构、美的线条的表现，人类造物美感来源于自然的滋养，因此户外写生训练是手绘表现的一个重要环节。

1.观察

写生过程是一个观察的过程，通过观察能识别建筑形体及形体中各种复杂微妙的变化，同时也训练眼睛对色彩敏锐的反应能力。观察是建筑写生不可缺少的步骤。面对建筑物，我们首先要从不同角度和同一角度的不同距离进行反复观察、比较，体会建筑物外部形体和内在神韵的变化，使画者对建筑物有个深刻认识，然后选择能体现建筑形态特征的最佳视角和最佳距离。当确定好作画角度和位置时，再进一步进行观察研究。

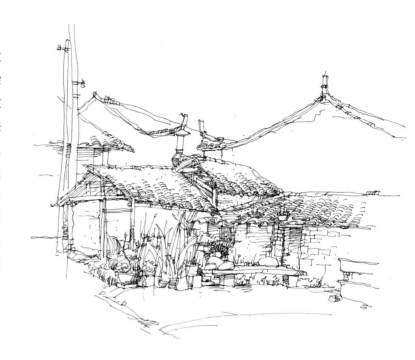

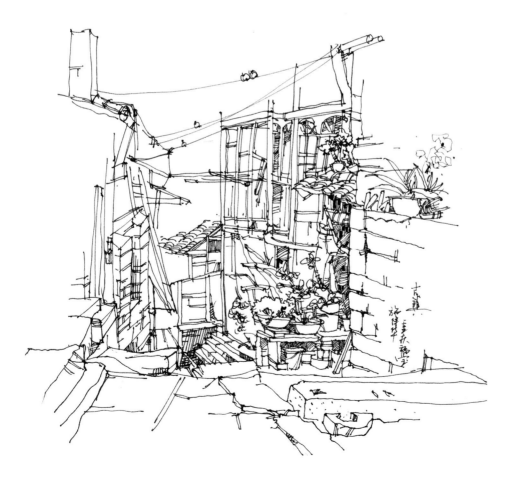

2.取景与构图

构图无论在一般写生或手绘表现中都是三个要素之一（构图、造型、色彩），往往一幅画的构图"经营"合理了，那基本成功了一半。构图时在画面中追求点、线、面之间的抽象关系，将画面中诸元素构成一个整体；包含空间、色彩、造型以及相互的比例划分；尤其根据适当的比例关系和物体"体量"来分割画面，构成疏密、明暗、冷暖的节奏产生画面的美感。

■写生前的取景过程中及构图时
需要首先重点把握的要素

　　写生前，确定构图的基本形
和形式线：分割画面的主要长线
有竖线、横线、斜线、折线、波
浪线；在构图中起主要作用，画
面表现形象主体组合的基本形
状，有三角形、圆形、断环形、
放射形、旋形、同心圆、十字形、
栅栏形、S形等。正是这些形式
线和基本形成为构图的主要构成
形式因素。由于基本形和形式线
与世界上各种自然现象或人的形
态相似，因此具有丰富的感情联
想性。例如，三角形构图呈现稳
定感和震慑力，而斜线构图呈现
运动感，积极而曲折，体现勇往
直前、不断向上的精神。因此，
构图的形式线和基本线也是形象
产生美感的主要因素

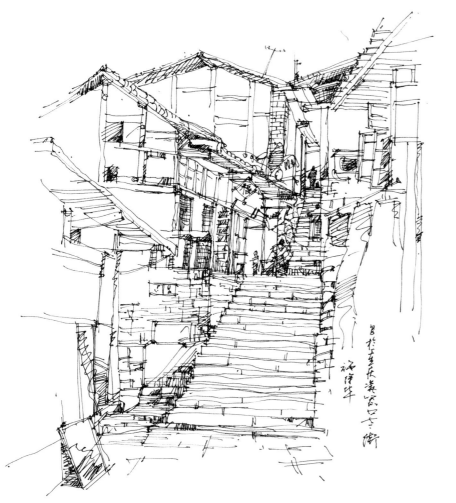

■ 构图中的节奏与韵律

节奏与韵律就是两个或两个以上可以给人在视觉上产生对比的因素呈一种非绝对规律方式排列组合，即是韵律节奏。

我们知道节奏对于音乐来说十分重要，其实在绘画中，节奏和韵律也起着十分重要的作用。那么在视觉范畴中，节奏是反复的形态和构造，连续和断续的结合，在视线的移动中对于点、线、面等形态要素的排列，所以视线移动在时间上的急变舒缓，就会让人感觉到节奏的存在

■ 写生步骤解析

二、设计速写

对于从事环境艺术创作的设计师来讲，很显然，一般的速写方法很难满足他们职业的要求。如果他们想表达物象的空间关系，勾勒场所的内在结构、平面布局等就需要掌握一种技术含量较高的速写，即设计速写。设计速写是一种以速写形式辅助树立正确的设计思想，开拓设计思维，对设计的功能、材料、结构和加工工艺有正确认识的速写。

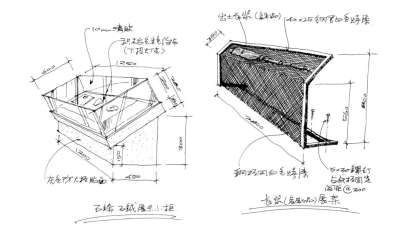

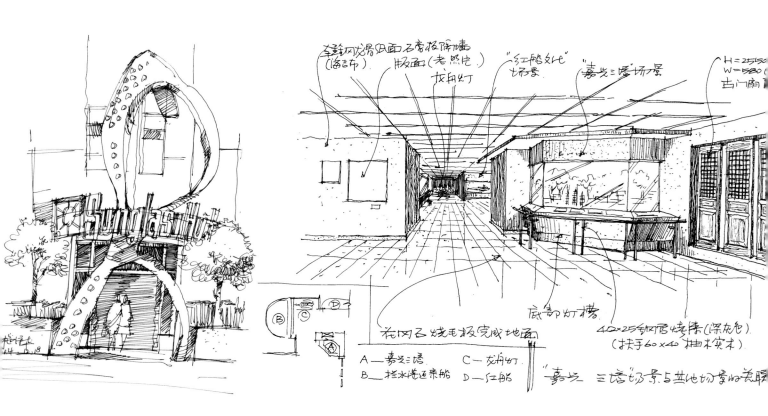

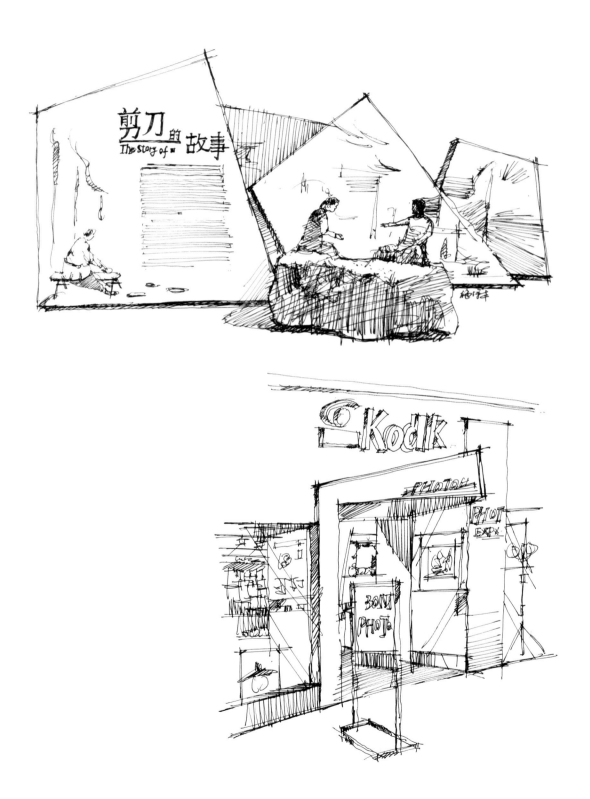

1.线条的表现

线条是设计速写表现的灵魂，也是设计师必须掌握的基本视觉语言。线作为造型艺术中最基本的元素之一，看似简单，其实千变万化。徒手表现主要是强调线的美感，线条变化包括线的快慢、虚实、轻重、曲直等关系。要把线条画出美感，有气势、有生命力，要做到这几点并不容易，要进行大量的练习。开始可以从直线、竖线、斜线、曲线等练习起，要把线画出刚劲有力、刚柔结合、曲直并用的感觉。我们在教学中要求学生先学习画线，再画几何体，然后再画室内的一些陈设小品和室外的景观小品等，最后才是空间的组合练习。在空间中画形体基本凭感觉，而且要注意线的美感。有些初学者开始练习画线非常小心，就怕线画不直，徒手表现所要求的"直"，只是感觉大体上的"直"，平直有力就可以了，如果像用直尺画的那样机械、呆板，也就没有意义了。因为徒手表现也是一种艺术表现，每一种线条都各具不同的个性，每一个笔触都可以给人以不同的心理感受。

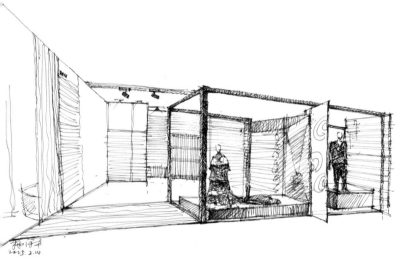

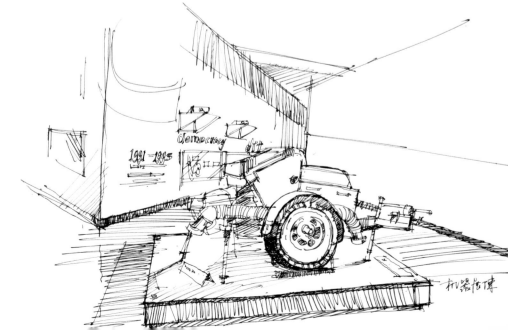

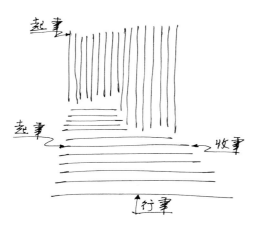

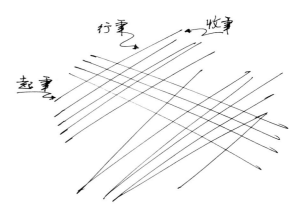

①直线：要有起笔、运笔、收笔，要有快慢、轻重的变化，线要画得刚劲有力，有"如锥画沙，入木三分"的感觉（特点：清楚、明晰、简洁、整齐、端正）

②斜线：刚劲、有张力（特点：不稳定，但比较活泼，有运动感）

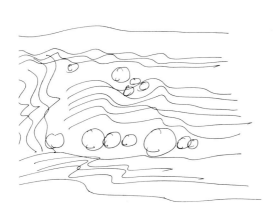

③曲线：优美、浪漫（与直线相比有温暖、自由、优雅、流畅的感觉，性格具有女性化特征，富有节奏感和韵律感）

2.单体的表现（室内小品）

室内软装小饰品，在表现时注意其结构和比列

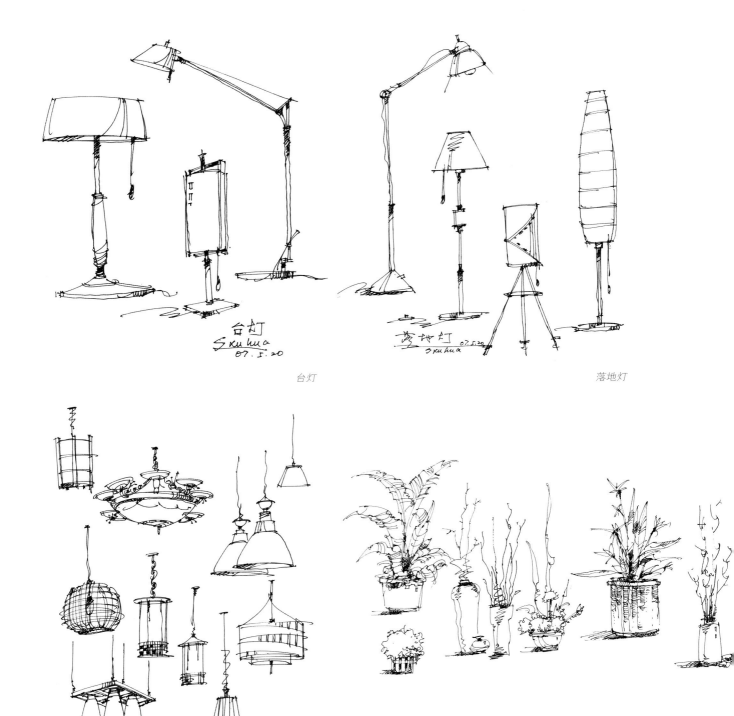

台灯　　　　　　　　　　　　　　　　　　　　　　　落地灯

吊灯　　　　　　　　　　　　　　　　　　　　　室内植物的表现

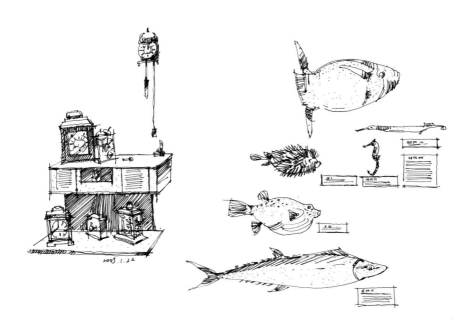

博物馆中的各种小品

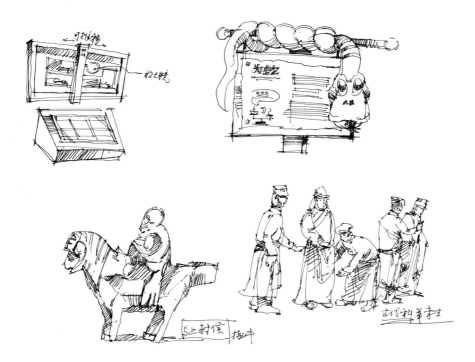

　　作为设计师，应在平时多用手绘的形式收集各种饰品，既锻炼了手绘表达的能力，也为今后设计实践积累了丰富的设计素材

3.空间的表现

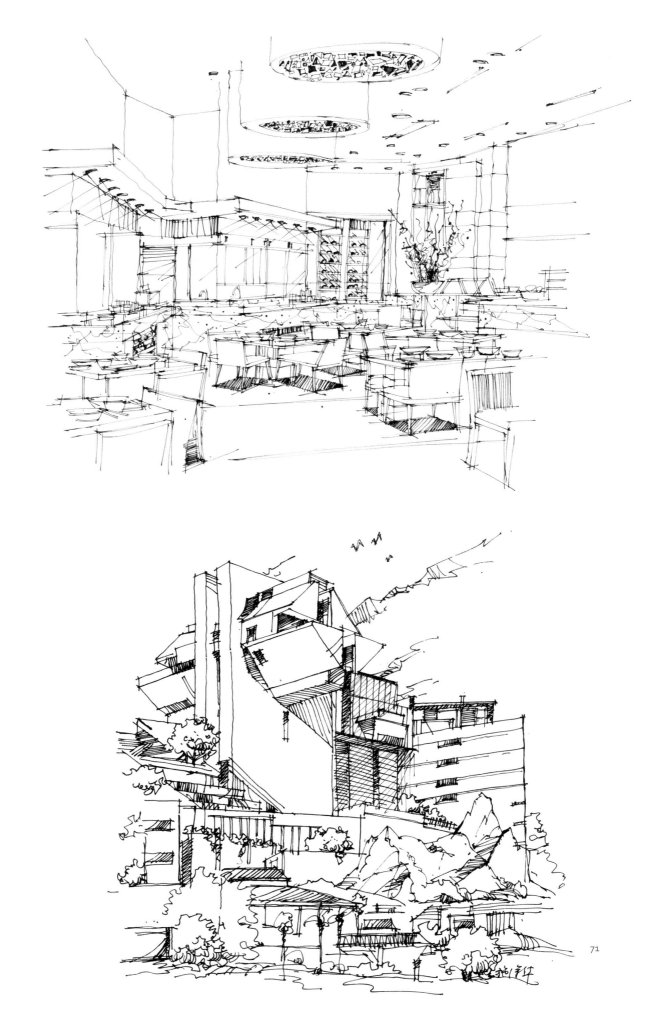

整体空间表现步骤案例1

步骤一

　　规划整体效果时，先从墙面的透视线开始，勾画出空间雏形后，再画出主要物体的结构。
一般来说，绘画顺序是从整体到局部，从主要部分到次要部分

步骤二

　　空间场景大体效果出来之后，根据陈设的摆放，添加一些附属的装饰品丰富整体构图

步骤三

　　纵观全局添加一些必要的细部描述，把握整体画面近实远虚的效果

步骤四

　　调整整体空间，做出必要的取舍或强化，加强画面的整体感

思考与练习题

1.设计速写的概念是什么？

2.设计速写与传统的绘画性速写的区别是什么？

3.用线条表现各种材料的质感5张。

4.用线条表现各种室内陈设的形体与质感5张。

5.用线条表现各种室外景观小品的的形体与质感5张。

6.用线描的方式来表现空间练习5张，要求用线来表现空间，并注意画面的黑、白、灰关系和空间层次关系。

第三章　马克笔设计手绘表现技法

马克笔是近些年较为流行的一种设计手绘表现图的新工具，它以其色彩艳丽、种类齐全、着色简便的独特魅力，受到广大设计师和业主的欢迎。马克笔既可以绘制快速的设计草图来帮助设计师分析方案，也可以深入细致地刻画，形成表现力，与彩色铅笔、水彩颜料等工具混合使用形成更好的效果。

第一节　马克笔手绘技法的特点

马克笔是英文"MARKER"的音译，意为记号。马克笔分油性、水性两种，具有快干、不需用水调和、着色简便、绘制速度快的特点。画面风格豪放，类似于草图和速写的画法，是一种商业化的快速表现技法。马克笔色彩透明，主要通过各种线条的色彩叠加取得更加丰富的色彩变化。马克笔绘出的色彩不易修改，着色过程中需注意着色的顺序，一般是先浅后深；且色彩叠加、涂改不宜过多，否则会导致色彩浑浊、肮脏。马克笔的笔头是毡制的，笔头较粗，附着力强，具有独特的笔触效果，绘制时要尽量利用这种笔触特点。马克笔在吸水与不吸水的纸上会产生不同的效果。不吸水的光面纸，色彩相互渗透五彩斑斓；吸水的毛面纸，色彩成稳发乌，可根据不同情况选用。

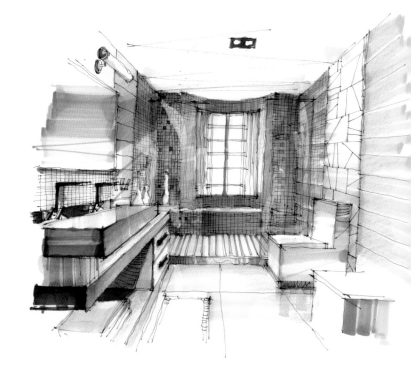

第二节　马克笔手绘技法工具介绍及其特性

首先，我们要了解和熟悉手头上的表现工具：钢笔、水笔、马克笔、彩色铅笔、色粉笔等，只有熟练地掌握它们的性能，才能运用自如。

钢笔、水笔：作为徒手图勾线的主要工具，要求出水流畅、快速，运笔时不断线即可

马克笔：品种很多，颜色丰富，如灰色系列（包括暖灰和冷灰），红、黄、蓝系列等。选购时可参考提供的色标号，一般在 60 支左右

纸张：马克笔专用纸、复印纸、素描纸、硫酸纸、色卡纸等

彩色铅笔：最好选购水溶性的。彩色铅笔能弥补马克笔的不足，在后期统一画面的整体效果、表现色彩的过渡变化

■色粉笔：一般用于大面积的渲染和过渡，如地面、天花板、灯光效果等处理

■水彩：水彩因色泽艳丽、透明度好、可与水相溶，常与马克笔混合使用。水彩可以弥补马克笔在表现大面积、柔软材质、色彩渐变、湿画法等方面的不足

■涂改笔：画面后期提线，主要用于高光，灯光，大理石，玻璃等的反光，起点睛作用

■透明直尺：徒手绘制一些较长的线条时，易扭曲、无力。借助透明直尺，不但可以使线条挺直、均匀，而且亦可观察画面，有助于作图

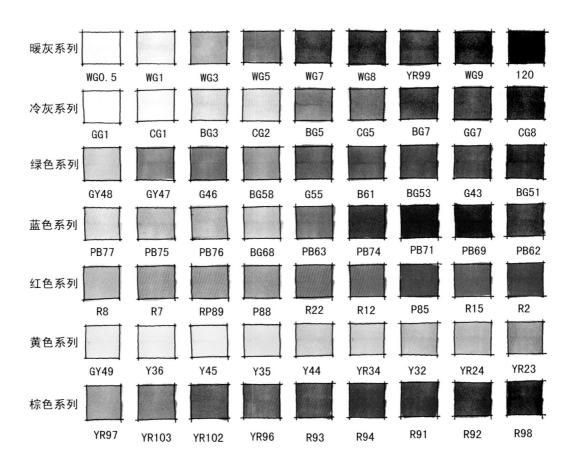

暖灰系列：WG0.5　WG1　WG3　WG5　WG7　WG8　YR99　WG9　120

冷灰系列：GG1　CG1　BG3　CG2　BG5　CG5　BG7　GG7　CG8

绿色系列：GY48　GY47　G46　BG58　G55　B61　BG53　G43　BG51

蓝色系列：PB77　PB75　PB76　BG68　PB63　PB74　PB71　PB69　PB62

红色系列：R8　R7　RP89　P88　R22　R12　P85　R15　R2

黄色系列：GY49　Y36　Y45　Y35　Y44　YR34　Y32　YR24　YR23

棕色系列：YR97　YR103　YR102　YR96　R93　R94　R91　R92　R98

第三节　马克笔手绘技法训练的基础

一、线条与笔触练习

1.线条

手绘设计表现图，一般是指有时间限制的快速绘图。因此，它有自己的一套表现方式，用笔用色也有一定的讲究。而线条在整个画面中占据很重要的地位，能够用马克笔画出漂亮的线条是学习手绘设计表现的基本技巧。初学者往往因马克笔线条生硬而无从下笔，或下笔后笔触扭动、混乱、不到位，导致形体结构松散等。不同品牌的马克笔拥有粗细不等的笔头，加上用笔时受力的轻重变化，可绘出不同效果的线条。初学者往往因缺少经验，一般很难表达出自己所需的线条效果。

2.笔触

马克笔笔触的排列与组合是学习马克笔首先要解决的问题。马克笔笔触排列要均匀、快速，一笔接一笔，不要重复，用力要一致。表现物体内容不同，用笔也不同，注意灵活运用。一般常用的笔触排列分为：横向排列、竖向排列、循环重叠、斜线形和弧线形。

线条

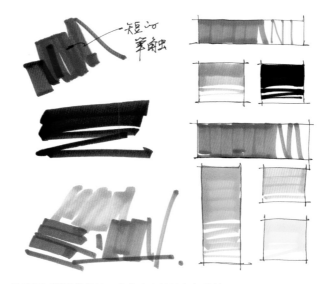

徒手可以画出轻松的、变化丰富的线条与笔触

笔触横向排列：常用于表现地面、顶面等水平面的进深感，也是表现物体竖形立面的常用方法

笔触竖向排列：常用于表现实木地板、石材地面及玻璃台面等水平面的反光、倒影等，也可用作表现物体横向
立面及墙面的纵深感

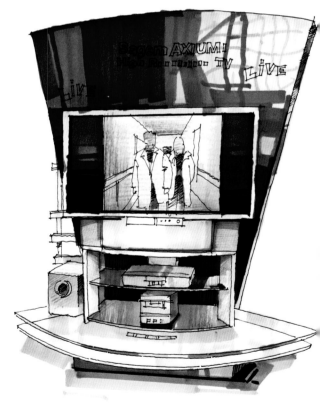

笔触为循环叠加：常用于表现物体在水面和光滑地面中呈现出来的倒影，通常笔触的排摆具有一定的动感和序列感

笔触为弧线形：常用于表现树木、花草、山石等一些形体自然边缘不十分规则的物体，笔触的排摆一般以成组的小笔触出现，自然生动

二、色彩叠加与几何体练习

一套完整的马克笔按其色系进行分类，大致可分为灰色系列、蓝色系列、绿色系列、黄色系列、棕色系列、红色系列、紫色系列。将色彩进行归类后，有利于在作画时更好地寻找颜色。

马克笔的颜色种类虽多，也难以满足色彩丰富的画面。使用时可将马克笔的颜色进行叠加和混合，以达到更多的色彩效果。马克笔两色的相互混合和叠加，因其先后顺序及干湿程度不同，产生的效果也随之改变，同时，其效果还和使用的纸张有直接的关系。只有熟悉各种方法和材料性能，才能更好地进行马克笔的创作。

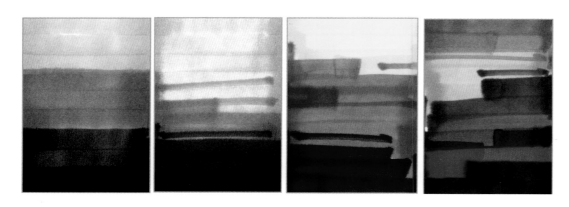

■单色重叠

  同一色马克笔重复涂绘的次数越多，颜色就越深。但过多的重叠，不仅会损伤纸面，而且色彩也会变得灰暗和浑浊

■多色重叠

  多种颜色相互重叠时，可产生另一种不同的色彩，增加画面的层次感和色彩变化。但颜色种类也不宜重叠过多，否则会导致色彩沉闷呆滞

■同色系渐变

  马克笔色可分为数个色系，而各色系中马克笔色都有渐变。有时为了使描绘的主题更真实而细致，须对物体的明暗进行渐变渲染。渲染时，在两色的交界处可交替重复涂绘，以达到自然融合

■色彩渐变

  马克笔画中，经常会碰到不同色系中的色彩渐变的效果。在涂绘渐变之前先选择适当的色彩进行搭配，以避免色彩之间的不协调感。渲染时，可选择色彩渐变的湿画法，也可采用两色间笔触相互交融的干画法，以达到自然过渡

我们练习了各种线条和笔触的基本画法后，用常用笔触来画几何形体。生活中的物体千姿百态，但归根结底是由方形和圆形两种基本几何形体组成：如沙发、茶几、床等都是由各种形态立方体演变成的，立方体是一切复杂形体最终组合的元素，因而须练习给几何形体做上色训练。

练习时从方体、圆体开始，然后再相互组合进行练习。马克笔由于受自身条件的限制，色彩与色彩之间很难均匀过渡，彩色铅笔可作为色彩的补充，常起到色阶和冷暖渐变地过渡，所以彩色铅笔常与马克笔结合使用，丰富画面的表现效果

用马克笔先画出物体的各部分，留点笔触，然后用彩色铅笔过渡调子，使物体的体积感更加丰富。初学者多练习几何形体的表现，要用少量的颜色画出精彩的效果，不要画得太死板

三、单体与局部练习

1.单体的练习

训练的过程是一个由浅入深、由简单到复杂的递进过程，练习也应循序渐进，从简单的单体练习过渡到空间局部，最后到完整空间的表现。所以单体和局部的训练是学好手绘表现图不可缺少的一个过程。

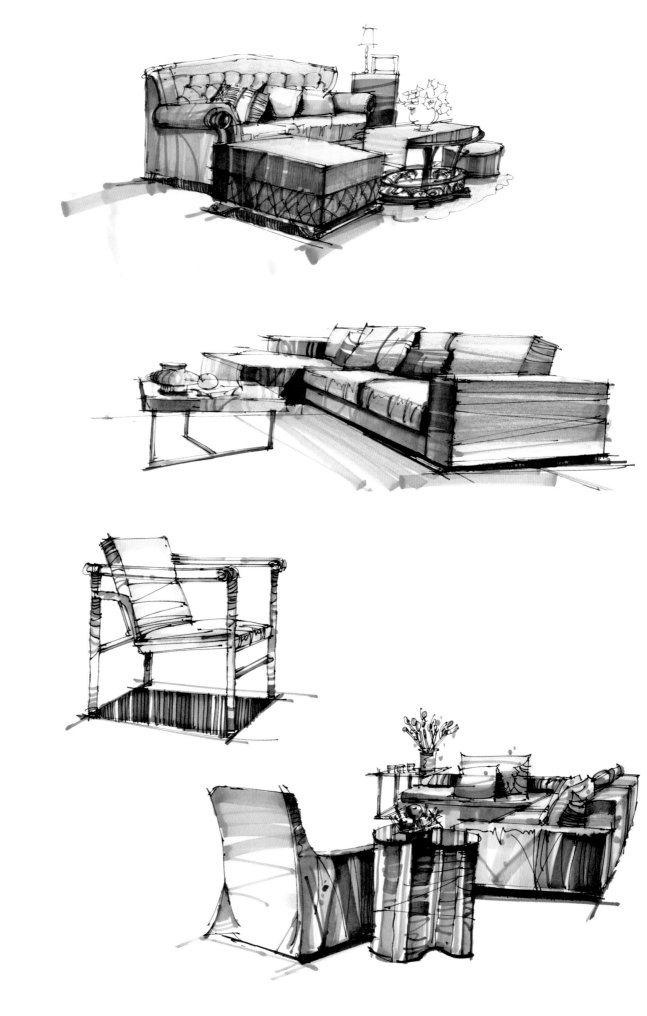

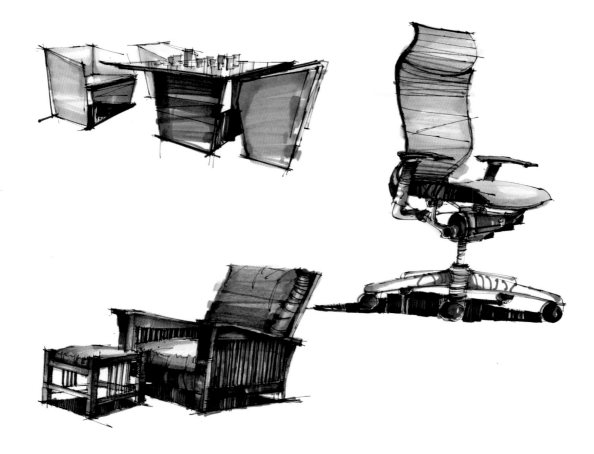

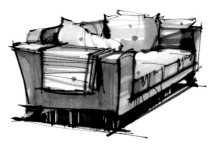

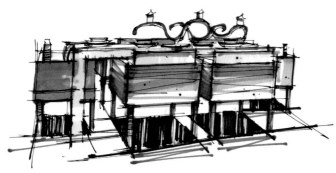

■单体单色

　　对于从来没有接触过用马克笔来表现形体的初学者来说，我们一般建议从简单的单体单色入手。这样，一方面有助于初学者熟悉马克笔的习性，另一方面也助于初学者在较短的时间内掌握用单色（同一色系）塑造形体，为下一步给物体上色打下基础

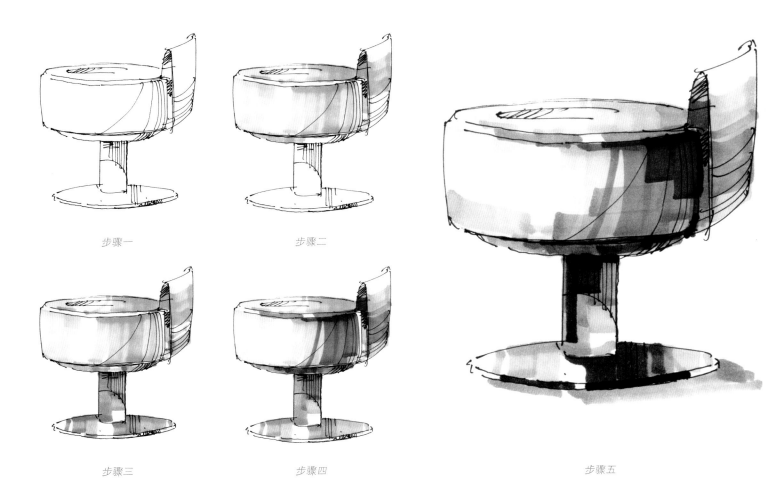

步骤一　　　　　　　　　　步骤二

步骤三　　　　　　　　　　步骤四　　　　　　　　　　　　　　步骤五

■单体单色的步骤：

1. 选择一件造型相对规则、结构相对简单的家具，用钢笔以速写的形式将其勾勒下来，要把握好它的尺度和透视关系

2. 用两种浅灰色把座椅的上部分的亮部和灰部表现出来，注意用笔和留白

3. 用两种冷灰色把座椅的金属部分表现出来，注意物体的反光

4. 用中性灰把物体的亮部和暗部区分出来，物体有了一定的体积。注意颜色的穿插

5. 分别用深色把物体暗部最重的部分表现出来，使整个物体有一定的体积重量感

■注意形体黑、白、灰的关系和内部结构与整体之间
的关系

1. 上色时，要先浅后深，层层叠加，但不宜过多重复，
一般不超过三遍

2. 用笔要随形体的结构，这样才能够充分表现出形体
感

3. 用单色表现物体时，关键在于表现物体的素描关系
和体积重量感

■单体多色

　　通过单体单色训练阶段，可尝试着给室内外各种
陈设物上色。即利用多种颜色进行搭配、组合，通过
娴熟的表现技法来塑造形体

注意"笔触"的排列，按照物体的结构来塑造形
体。刻画时尽可能地去描写暗部，给物体一些环境色，
增加"体感"

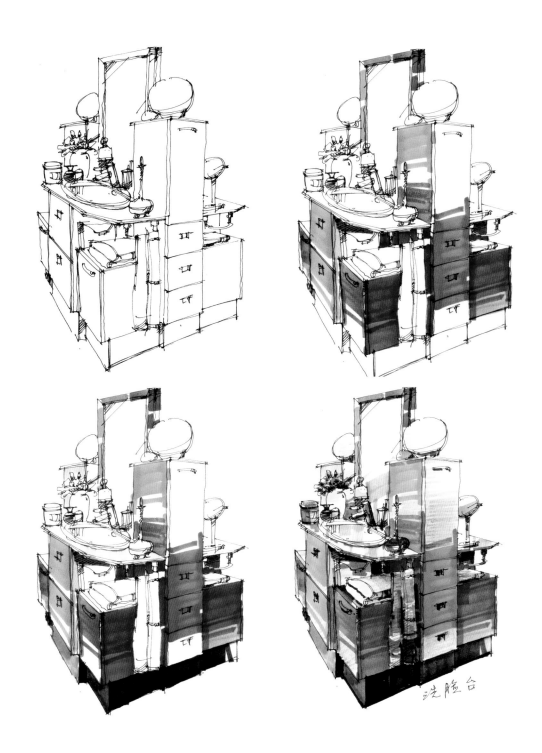

在保持固有色的基础上进行主观地分析处理，表现其丰富的色彩关系，冷色在暖调子中起到画龙点睛的作用

2.单体组合的练习

　　单体组合就是将几个不同的物体组合在一起。在表现时，要从整体入手，简洁、概括、生动地表现它们。特别要注意它们之间的组合关系、色彩关系、虚实处理以及物体的尺度、比例等问题，这些是这一阶段训练的要点。

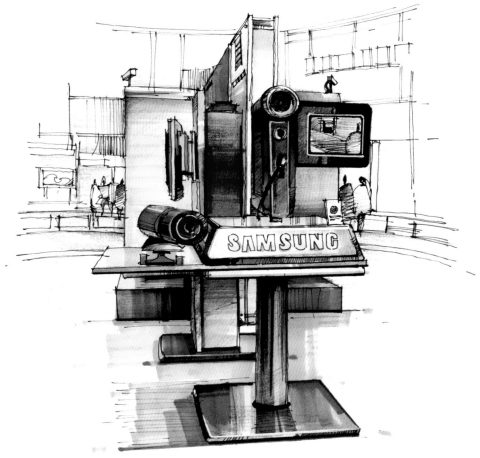

注意组合形体之间的色彩
呼应，主体物（沙发椅）的红
色在亮部和暗部的微妙变化

3.局部的练习

一个完整的空间是由若干个局部组成的。所谓局部是指空间的某一部分、某一构件，或室内外空间的某一角落。空间中的家具、陈设与地面、墙面、顶面所形成的空间一角的练习则可以训练我们处理空间主体及其相关环境的关系。

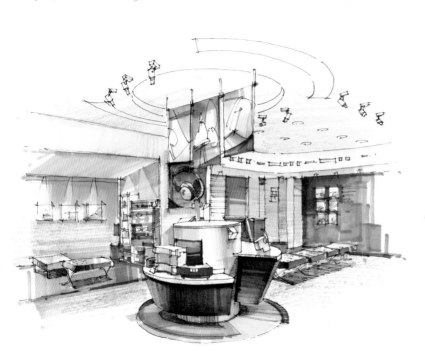

局部训练要注意形体的关系、色彩的关系、材质的关系、光影的关系等

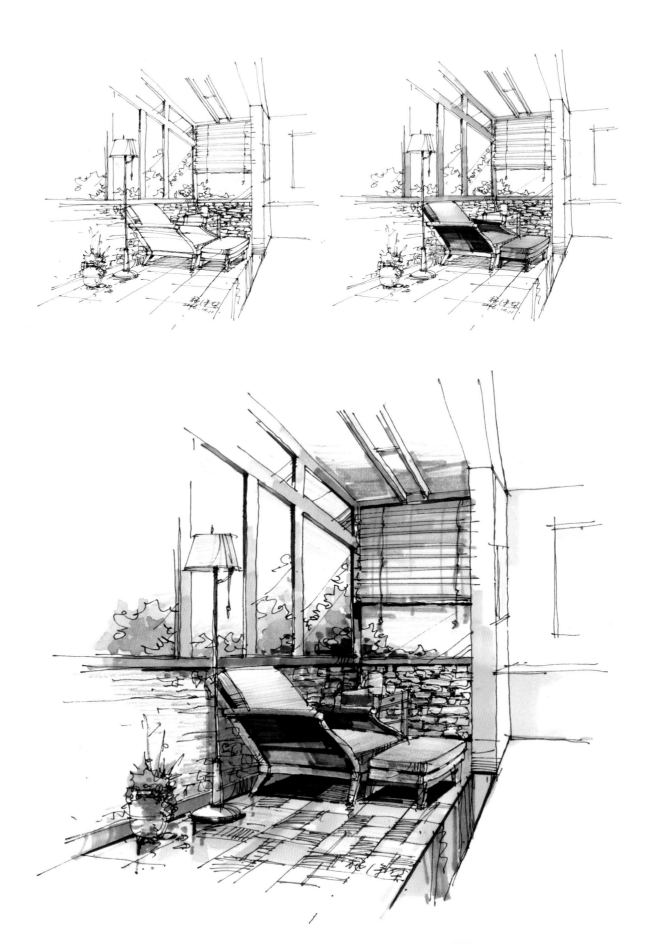

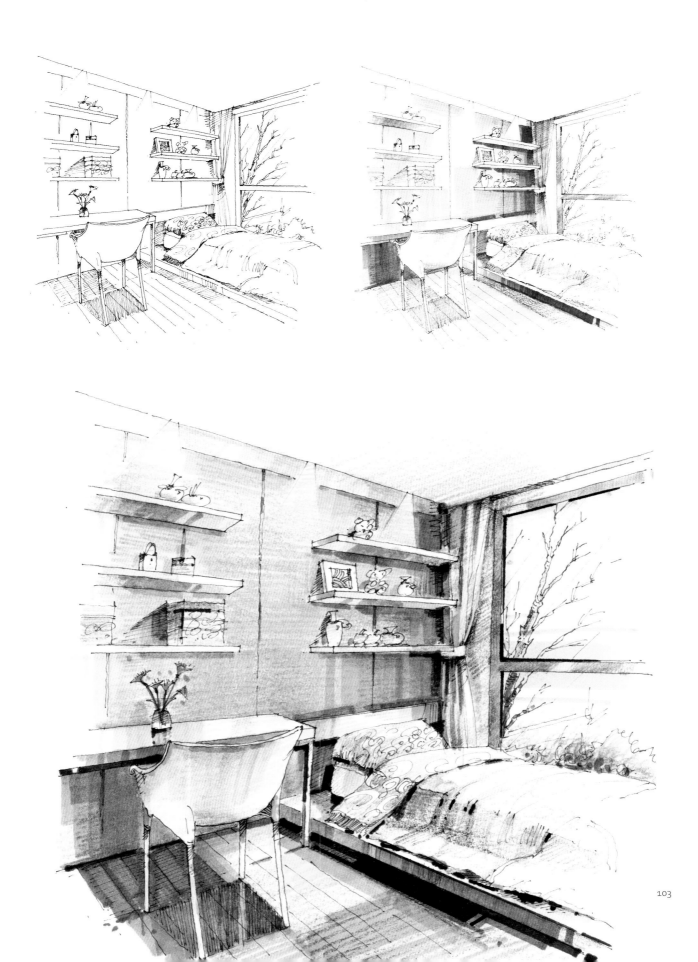

　　背景的树丛采用湿画法，表现得要虚，与前景对
比强烈，调子加重，使画面有一定的空间感。注意黄
石与草、灌木，相互配置的关系要显得自然而不生硬

第四节　马克笔手绘技法训练的方法

一、临摹

设计表现训练要循序渐进，临摹是一种很好的训练方法。初学者通过临摹，可以学习各种画面元素的绘制技法以及画作的整体处理手法。临摹对象可以从优秀的手绘作品、电脑效果图和摄影图片（建筑、景观或室内）开始，然后从中总结出自己擅长的或者喜欢的绘制手法，逐步形成自己的风格和手法。

实景照片

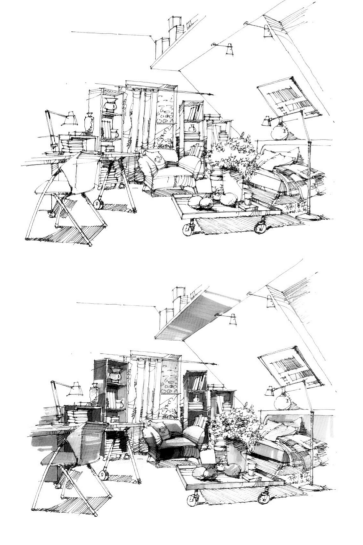

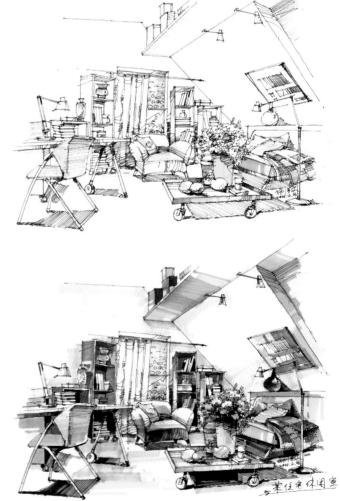

在临摹时，为了表现空间的进深度，有意识地强化前后场景的冷暖关系

临摹时将场景空间中的植被分近、中、远三个层次，越远色彩越淡、越冷，近处相对较亮、较暖

二、资料整合

资料的整合就是根据设计的构思，将需要的各个元素进行重组、归纳、整合后构架一个新的空间，并将其完整地表现出来。这一训练是一个半临摹半创作的过程，是提高协调和控制能力的有效方法。资料整合综合利用是设计师必须具备的能力。

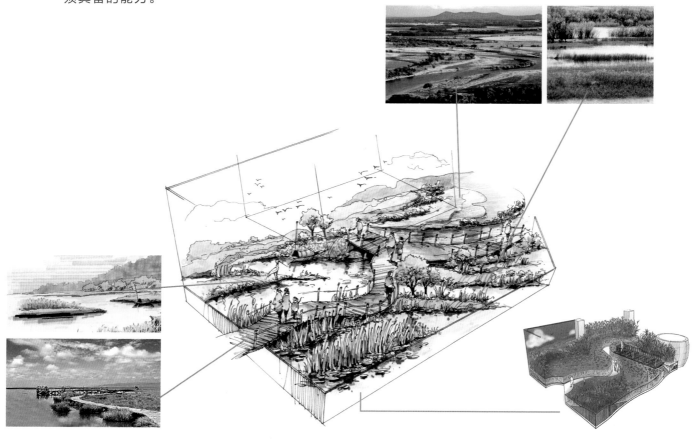

这幅湿地场景的设计图，是在构思阶段受到图片上水生植物、木板桥、小木船等这些湿地常有场景的启发，产生的灵感

这幅是热带雨林场景的展示设计图，在表现时，将所需的元素和设计创意进行充分地表达

三、设计创作

环境艺术设计创作一般是指设计师对设计对象的各方面因素进行分析、推断、归纳、整合，使其使用功能和审美功能达到最完美的效果，然后将其设计创意和设计重点用手绘的形式表现在画面上。这是设计表现训练的最终目的，也是从事环境艺术设计必须具备的能力之一。

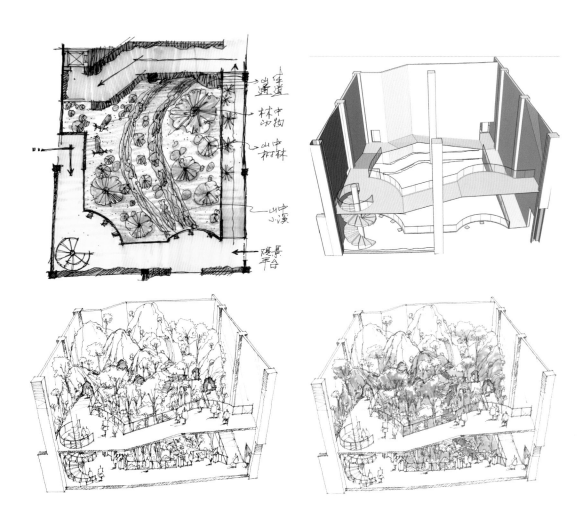

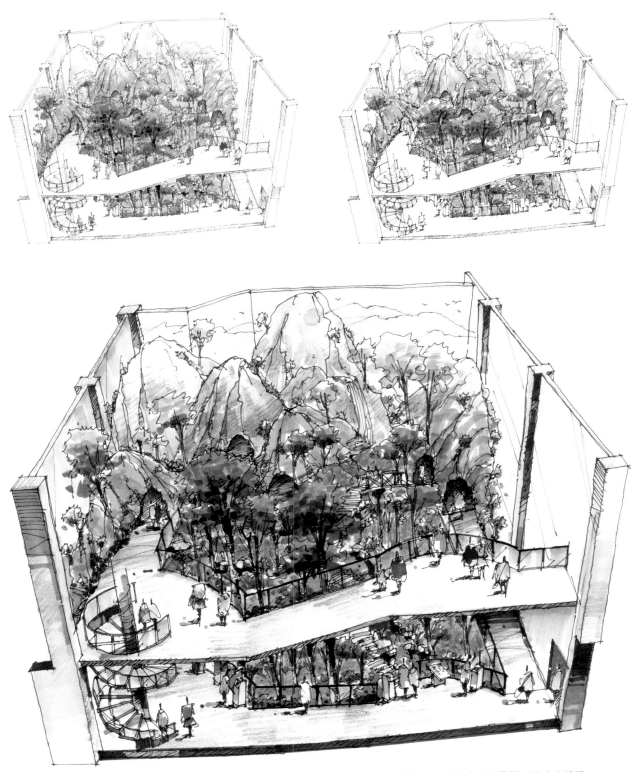

换一个视角，从山地生态场景展示区空中俯视，形成一个鸟瞰空间，所有景色尽收眼底。在表现这样的大空间时，要注重大的空间关系，并结合人物、设施等来营造一个充满野趣的观赏、娱乐空间

这是山地生态场景的剖立面，结合地形利用高差处理，使表现富有层次

利用山体和植物前后色彩的冷暖、虚实变化来塑造空间关系，使画面具有一定的感染力

浙江自然博物馆的旋转楼梯场景展示设计

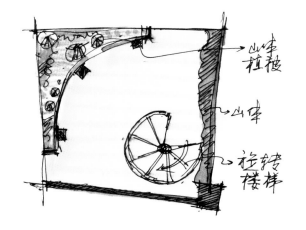

在旋转楼梯的转角处，巧妙设计成倾斜的山体。表现时，有意识地区分粗糙山体和光滑玻璃的质感

浙江自然博物馆的湿地生态场景展示设计

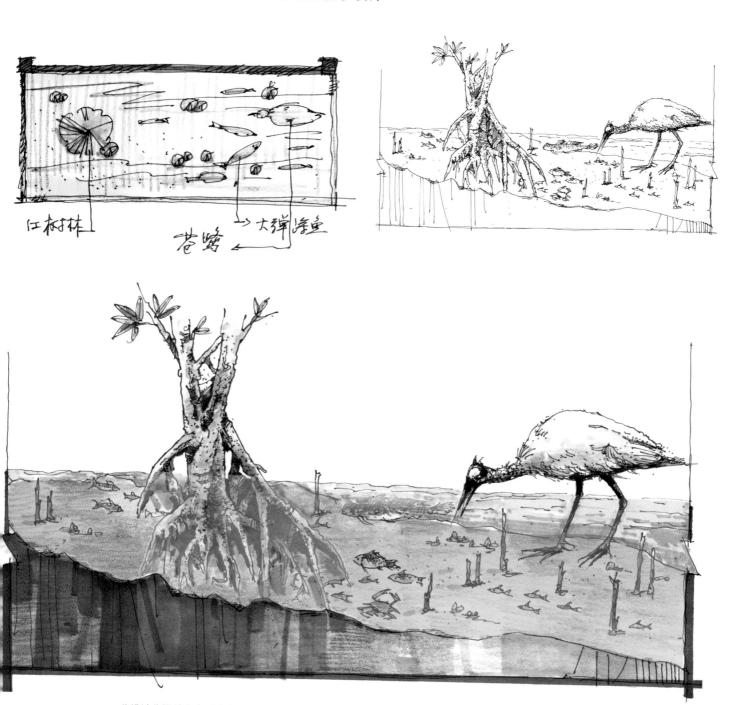

红树林

苍鹭   大弹涂鱼

此设计为湿地生态系统场景再现的展示，在刻画水生动植物细部的同时，描绘一幅生动活泼的生态场景

浙江自然博物馆的极地生态场景展示设计

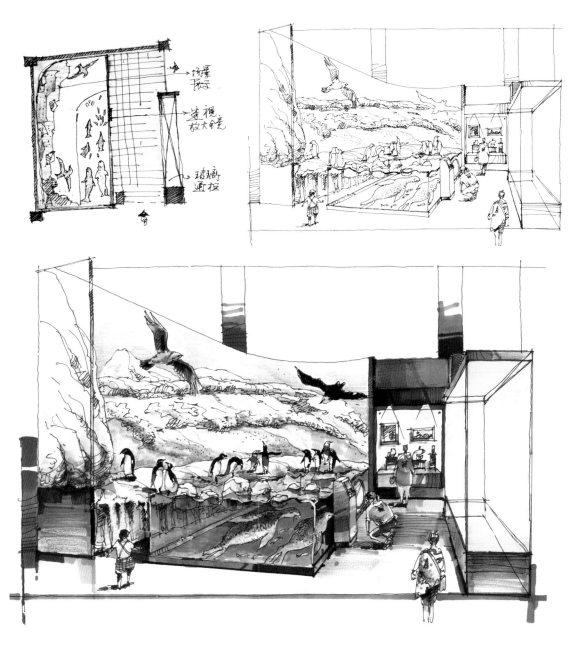

　　表现人性化的设计要用人物来衡量空间的尺度和氛围。场景中的人物或主动参与活动或被动地成为场景的一部分，实现了人与环境的沟通与互动

浙江自然博物馆的海洋生态场景展示设计

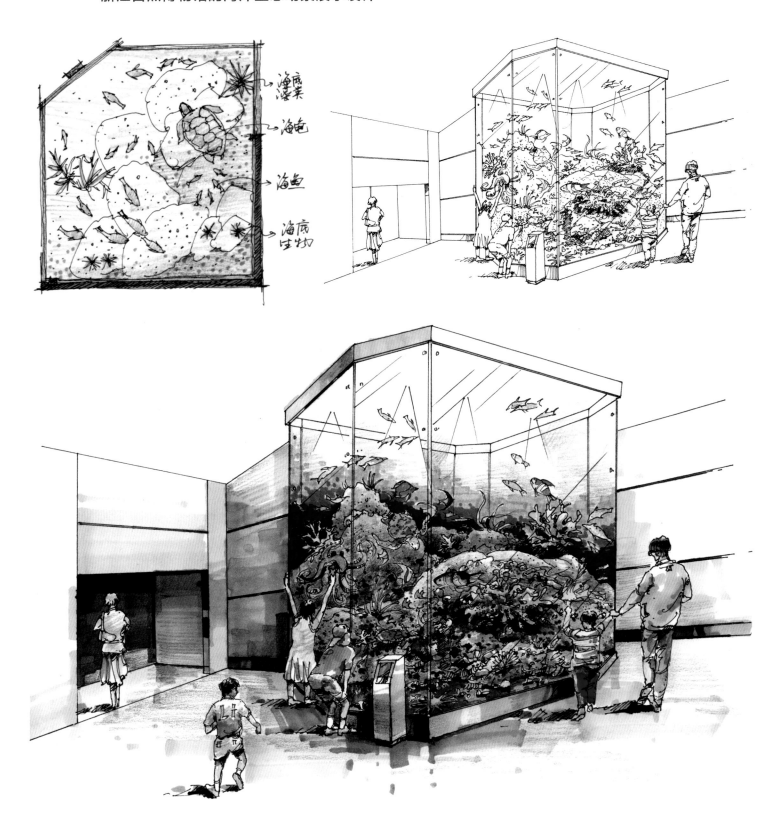

渔藻
海龟
海鱼
海底生物

在表现场景时利用深蓝色的背景，衬托出礁石和海底世界动植物的热闹景象

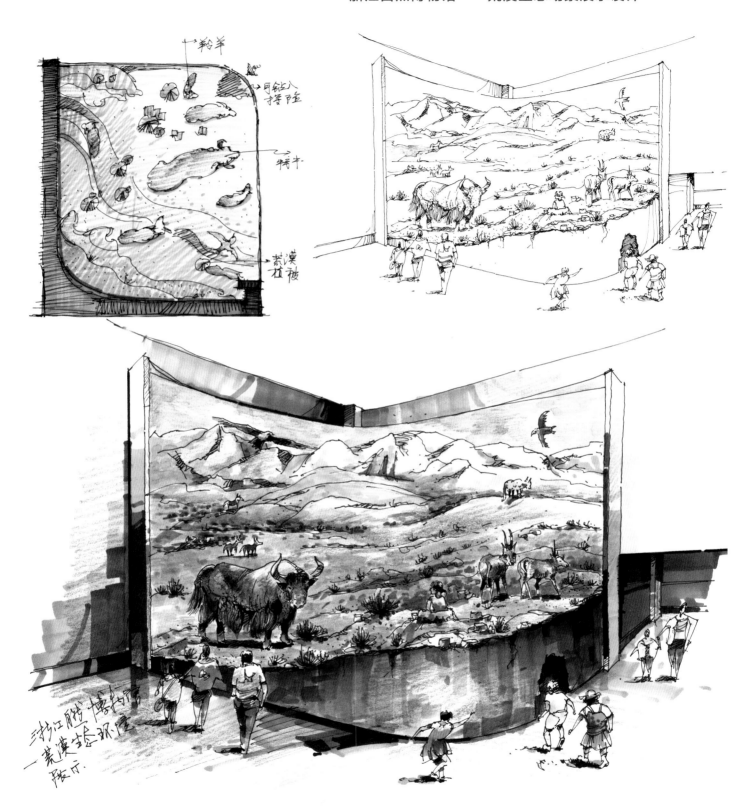

在有限的空间中表达一个令人无限遐想的广阔空间，在表现时前景的动植物要刻画的细致一些，如人物和动物的神态，荒漠植物的种类特征等

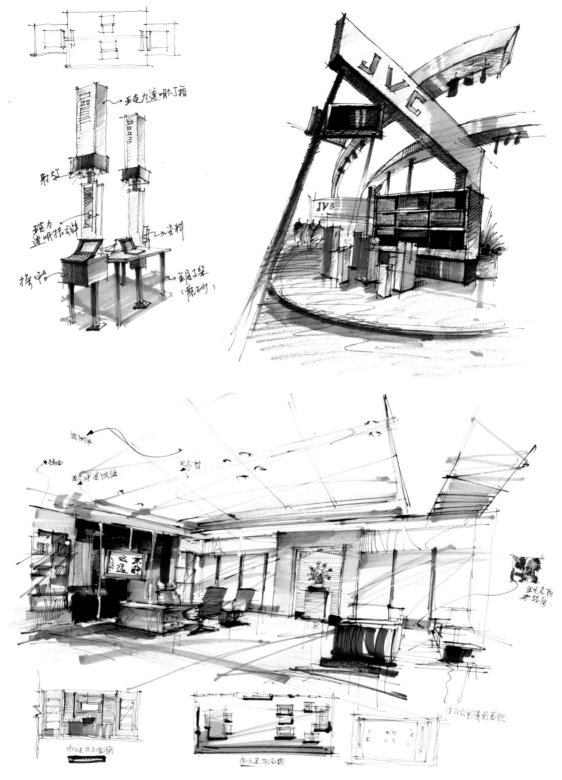

第五节 马克笔手绘技法训练的技巧

一、设计创意

在现代设计中，无论使用何种表现技法，其目的都是表现设计者的艺术创意和构思。透视效果图的最终目的是通过一种易于被人接受的表现方式，使对方认可设计方案。一幅优秀的表现图首先就是要能充分明确的体现设计创意。

二、画面构图

构图意指画面的布局和视点的选择，构图也叫"经营位置"，是设计表现图的重要组成要素。表现图的构图首先一定要表现出空间内的重点设计内容（主体），并使其在画面的位置恰到好处。所以在构图之前要对施工图进行完全的消化，选择好的角度和视点，待考虑成熟之后可做进一步的绘制。绘制时构图应遵循的基本规律是：主体突出、画面均衡、疏密有序的基本原则。

盛熙园会所入口一

三、色彩控制

设计师在设计创作中，需要表现环境的哪一种色调，以及在设计中所体现的材料、色泽、质感等，都需要通过色彩的表现来完成。色彩本身是很感性的，所以运用时需要我们用理性的态度加以把握。在上色时，我们可以先设定一个基点，从浅入深。主要刻画暗部，由一个色系到另一个色系，要注意色系之间的调和，互相呼应。在最后整理画面的阶段，要注意画面各部分虚实关系、空间关系，拉开层次。

四、整体效果

在表现的过程中，要对某些局部做准确生动的描绘，这是支撑画面整体说服力的关键。但局部刻画要服从整体，越是深入细致的刻画，就越是考验作画者对画面整体和局部的控制能力。因为马克笔不宜修改，最忌讳犹豫不决，所有的局部形象几乎要一次完成。因此，要始终注意画面的主次、取舍、虚实、节奏等关系，这样才能较好把握整体关系，才能有序地深入刻画，最终使画面确保统一而有变化的整体效果。

思考与练习题

1.马克笔表现的特点。

2.马克笔表现在环境艺术设计中的作用。

作业内容及要求

1.用马克笔手绘表现各种形体与质感，10张。

2.用马克笔对室内一角的实景图片进行表现，5张。

3.结合设计，用马克笔对室内环境的手绘表现，5张。

4.结合设计，用马克笔对室外环境的手绘表现，5张。

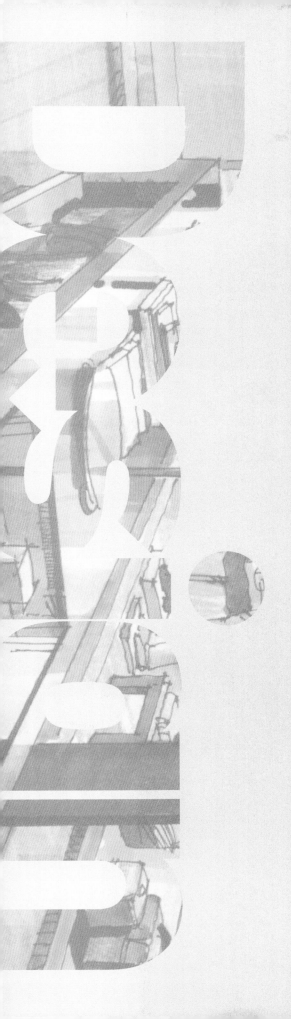

Applying
examples of
the design for
hand-painted
representation

设计手绘表现
技法运用实例

一/4

第四章 设计手绘表现技法运用实例

第一节 室内空间设计与手绘表现实例

一、居室空间设计与手绘表现

作为住宅的居室空间，其设计有自己的特点，一般室内面积适中，空间有一定的错落变化。在表现时，墙体和顶面的色彩采用纯度较弱的宁静色，而家具和陈设可加上一些变化丰富的小面积色彩来点缀，使整个居室空间温馨而舒适。

这是一张暖调子的室内空间，意在营造其温馨自在的居室住宅

步骤一　　步骤二

步骤三　　步骤四

步骤五

二、办公空间设计与手绘表现

办公室是各种性格、各种情感的人聚集在一起工作的场所，因此不能像个人住宅那样强调个性的特征，色彩配色一定要充分考虑办公室的特点。配色合理的办公室，能提高员工的工作效率，并能减轻员工的疲劳感。因此在表现时，应把办公室营造成稳重、整洁、有秩序、有朝气的公共空间。

办公空间

三、餐饮空间设计与手绘表现

　　餐饮空间是人们进餐、休息、约会的场所，色彩的配置应充分考虑到餐厅的功能，达到增进顾客的食欲、保证客流频率、营造出舒适气氛的效用。在表现时，要特别注重灯光的效果。

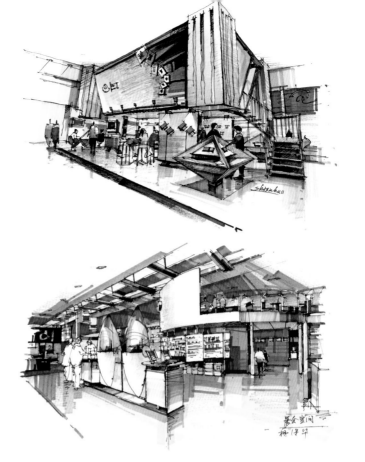

四、展示空间设计与手绘表现

　　商业空间由于它的特性，琳琅满目的商品，会显得色彩缤纷。商业空间提供给人们的主要是购物的环境，在商业空间中，色彩设计不仅要考虑到顾客的感受，也要注意到营销人员的感受。因此，在表现时整体色调要倾向于明快、生动，注重材质的亲切感和色彩的协调，使顾客能够在购物的同时感受设计的用心，从空间中感受设计内涵。

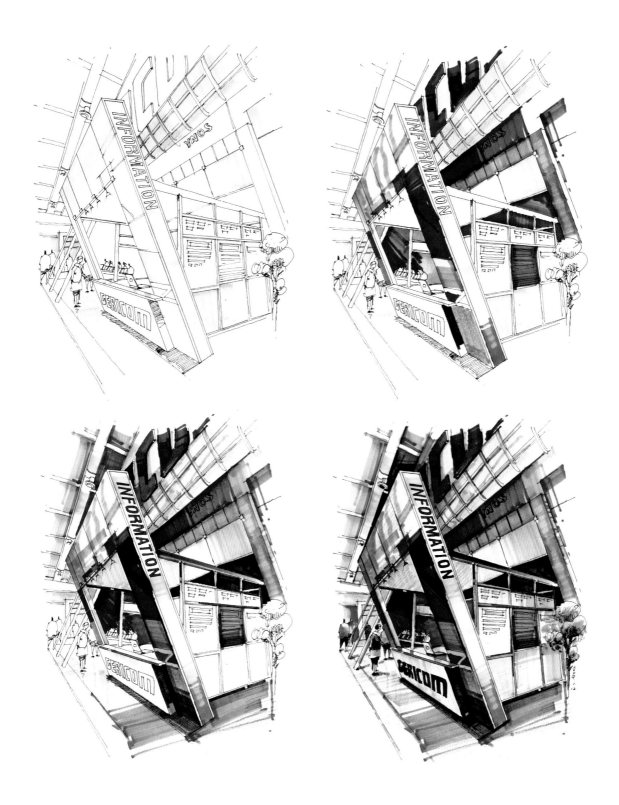

第二节　室外空间设计与手绘
表现实例

一、住宅小区景观设计手绘表现

　　住宅小区不是孤立的空间，而是与周围环境有机联系的生存空间。在设计时，将现有的乔木、灌木、野花等景观元素引入到小区中，创造一个与生态环境相融洽的人性空间，使人们能直接接触到、看到。

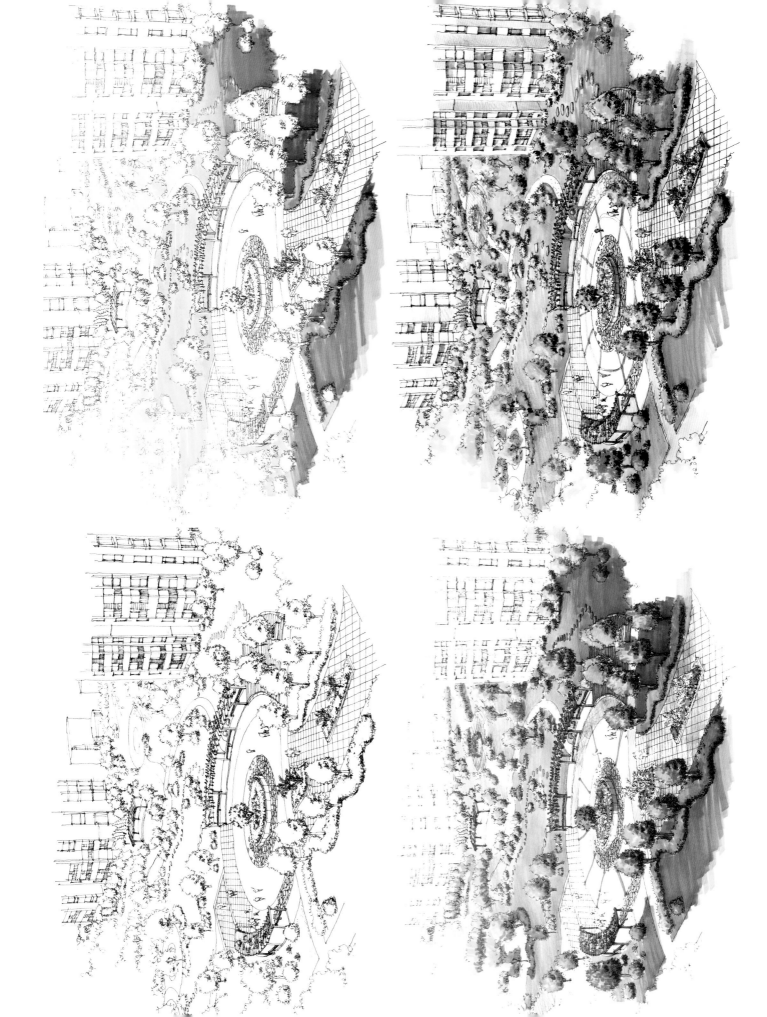

二、公园景观设计手绘表现

公园是人们娱乐、休闲的重要场所。公园景观设计一般由人造景观和自然景观相结合，在公园里会提供一些场所的设施，如硬地、草坪、水景、凉亭等供人们休闲和娱乐。在表现时应注意这些设施、人物和周边环境的协调关系。

三、广场景观设计手绘表现

　　作为公共空间的城市广场，要
人人都能使用这个空间。人们来到
空间首先是为了休息，其次是聚会
物。在表现时一般以大空间的场景出
因此要注意对整体色调和空间的把握

四、市政道路景观设计手绘表现

　　随着城市现代化建设的加速，市政道路的建设也随之发展起来，其景观设计也是我们设计师所涉及到的一个重要内容。因市政道路的特殊性，一般的景观设计趋向于整齐、单一，有时也会出现对称的布局。因此在表现时，应注意左右两边的变化和植物高低层次的关系。

思考与练习题

1.各个空间手绘表现的特点。

2.运用马克笔对室内外空间进行快速设计。

3.如何既能将设计意图充分地表现，又能将设计图表现得有艺术性？

*Appreciation of
the hand-painted
representation
master pieces
of Chinese and
foreign*

中外优秀手绘
表现作品欣赏

第五章 中外优秀手绘表现作品欣赏

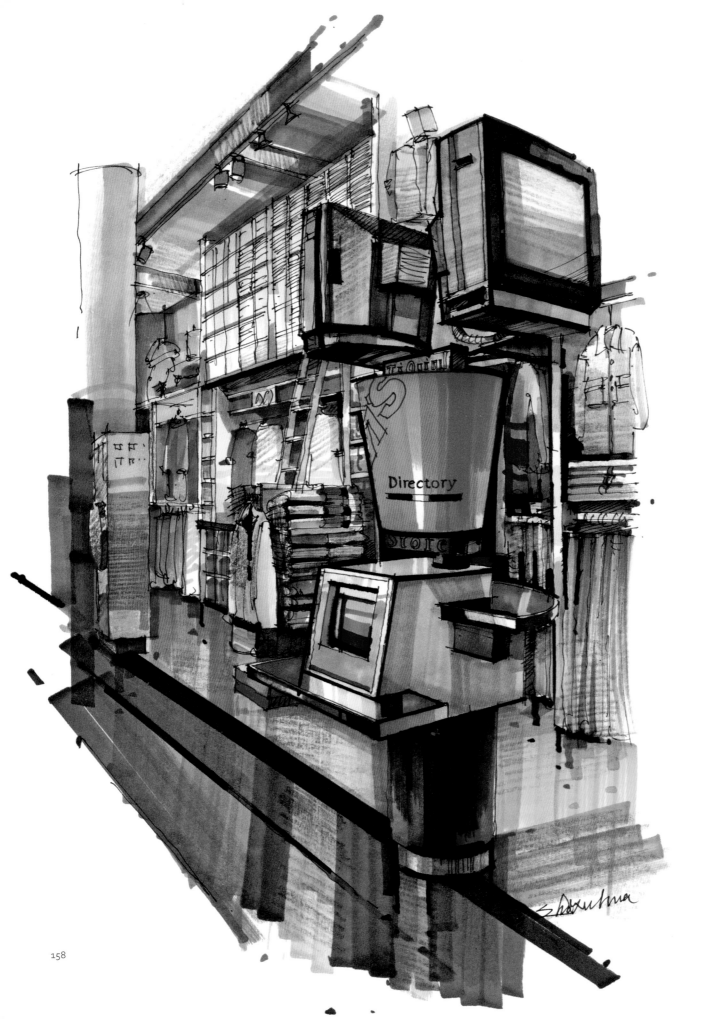

后记

　　本教程中根据不同的章节布置了许多思考题和作业，是为了帮助学生深入思考，加深对课程内容的理解和掌握，同时也可作为任课教师的参考。本教程的作品范例选用了美术院校部分师生的作品，同时还选用了一些国内外的优秀作品，本着教学的目的，用以举例说明。由于有些作者姓名或地址不详，无法联系，如有冒犯或不妥之处，敬请谅解！在此对这些作者深表感谢！也要感谢长期致力于坚持手绘创作表现的机构：杭州亘古设计事务所、秩作文化创意工作室，为本教程提供了生动的设计手绘实践案例作品。

　　本教程是笔者多年来设计教学和实践的一次总结，由于水平有限，仓促之中难免有许多不足之处，真诚地期望能得到来自各方面的赐教、批评和指正。在编写过程中，本书的责任编辑程勤老师给予很大的支持与帮助，在本书出版之际再次表示诚挚的谢意！

参考书目

《室内设计资料集》　张歆曼、郑曙阳 著，中国工业建筑出版社

《建筑师与设计师视觉笔记》　（美）诺曼·克罗　保罗·拉塞奥 著，中国建筑工业出版社

《素描的诀窍》　（美）伯特·多德森 著，上海人民美术出版社

《奥列佛风景建筑速写》　（美）R.S. 奥列佛 著，中国建筑工业出版社

《设计思维与表达》　吴家骅 著，中国美术学院出版社

《体验设计·速写》　周刚 著，中国美术学院出版社

《表现技法》　刘铁军、杨冬江、林洋 著，中国建筑工业出版社

《手绘效果图表现技法》　赵国斌 著，福建美术出版社

图书在版编目（ＣＩＰ）数据

环境艺术手绘表现 ／ 施徐华著． —— 杭州 ： 浙江人民美术出版社，2018．7

全国高等院校美术学科"十三五"规划教材

ISBN 978-7-5340-6871-3

Ⅰ．①环… Ⅱ．①施… Ⅲ．①环境设计－高等学校－教材 Ⅳ．①TU-856

中国版本图书馆CIP数据核字(2018)第109054号

作 者 施徐华
责任编辑 程 勤 陈辉萍
装帧设计 杭州本生文化创意有限公司
责任校对 余雅汝
责任印制 陈柏荣

全国高等艺术院校美术学科"十三五"规划教材

环境艺术设计手绘表现

出版发行 浙江人民美术出版社
地 址 杭州市体育场路347号
邮 编 310006
网 址 http://mss.zjcb.com
电 话 （0571）85170300-61815
经 销 全国各地新华书店
制 版 浙江海虹彩色印务有限公司
印 刷 浙江海虹彩色印务有限公司
开 本 889mm×1194mm 1/16
印 张 10.5
字 数 230千字
版 次 2018年7月第1版 2018年7月第1次印刷
书 号 ISBN 978-7-5340-6871-3
定 价 65.00元

（如发现印装质量问题，请与本社发行部联系调换）